廊坊市
耕地质量演变与提质增效

◎ 吴泳泽　刘　磊　王艳群　彭正萍　门明新　等　编著

中国农业科学技术出版社

图书在版编目（CIP）数据

廊坊市耕地质量演变与提质增效 / 吴泳泽等编著 .
北京：中国农业科学技术出版社，2024.7. -- ISBN
978-7-5116-6895-0

Ⅰ . F323.211

中国国家版本馆 CIP 数据核字第 20244Z5J13 号

责任编辑　　倪小勋
责任校对　　马广洋
责任印制　　姜义伟　　王思文

出 版 者　中国农业科学技术出版社
　　　　　　北京市中关村南大街 12 号　　邮编：100081
电　　话　（010）62111246（编辑室）　　　（010）82106624（发行部）
　　　　　　（010）82109709（读者服务部）
网　　址　https://castp.caas.cn
经 销 者　各地新华书店
印 刷 者　北京建宏印刷有限公司
开　　本　185 mm×260 mm　1/16
印　　张　12.5
字　　数　265 千字
版　　次　2024 年 7 月第 1 版　2024 年 7 月第 1 次印刷
定　　价　48.00 元

《廊坊市耕地质量演变与提质增效》
编著人员

主 编 著：吴泳泽　　刘　磊　　王艳群　　彭正萍　　门明新

副 编 著：龚贺友　　李海峡　　门　杰　　侯　瑞　　王　平
　　　　　张子旋　　张忠义　　李旭光　　郝立岩　　闫相如

参编人员：高亚静　　海兴岩　　李志军　　赵文涓　　刘　昕
　　　　　龚志超　　李　鑫　　孙坤雁　　吴涵雅　　刘　灿
　　　　　胡锡宇　　薛文杰　　张　鼎　　张　爽　　杨　宇
　　　　　李亚楠　　齐　智　　李银环　　王永涛　　王思亚
　　　　　苑　鹤　　付　鑫　　李　娜　　贾文冬　　王　杨
　　　　　李　皓　　张浩文　　石佳玉　　黄亚丽　　黄媛媛
　　　　　王　洋　　郭　靖　　张世辉　　韩　鹏　　张泽伟
　　　　　刘　赞　　董　静　　张　培　　张　洋　　武鹏涛
　　　　　杨　正　　王亚玲　　韩智超　　闫天聪　　冯　旭
　　　　　刘寒双　　滕　菲　　刘玉龙　　李敬宇　　吕旭东
　　　　　孙旭霞　　王泽鹏　　王　宾　　张佳英　　王　赫
　　　　　郭润泽

内容简介

本书分为六章，阐述了廊坊市自然资源与农业生产概况、耕地土壤属性演变规律、土壤属性分级评述、耕地质量综合等级时空演变、耕地施肥现状和分区施肥指导、耕地资源提质增效等。利用多年耕地质量调查和监测数据，深入分析了廊坊市 2010—2020 年的土壤物理性质、pH 值、有机质、全氮、有效磷、速效钾、缓效钾、有效铁、有效锰等大量、中量、微量营养元素的时间和空间演变规律。综合灌溉能力、耕层质地、质地构型、地形部位等 18 个指标对耕地质量等级进行了综合评价，根据河北省耕地各等级划分标准，明确了廊坊市各县、区不同等级耕地的空间分布、面积及其所占比例，剖析出耕地质量等级限制因素。通过实地调查统计汇总，分析了廊坊市主要粮食作物、蔬菜作物以及葡萄和花生等经济作物的施肥种类、施肥方式和施肥量，结合廊坊市的耕地质量和养分分布现状，提出冬小麦和夏玉米施肥指标体系和施肥建议。通过对耕地质量等级影响因素和相关资料总结分析，明确了廊坊市耕地资源利用中存在的主要问题，并针对性地提出了耕地资源提质增效的建议。这为今后廊坊市在农业生产中实现科学合理管理土壤养分、制订合理施肥技术、提高耕地质量、改善农产品品质并提高产量提供了科学依据。

前　言

　　耕地是农业发展之基、农民安身之本，也是乡村振兴的物质基础。习近平总书记就做好耕地保护和农村土地流转工作作出重要指示，"耕地是我国最为宝贵的资源。我国人多地少的基本国情，决定了我们必须把关系十几亿人吃饭大事的耕地保护好，绝不能有闪失。"① 要实行最严格的耕地保护制度，像保护大熊猫一样保护耕地，摸清耕地质量家底，有针对性开展耕地质量保护和培育，使耕地内在质量得到改善，产出能力得以提升。

　　自 2005 年，廊坊市在实施测土配方施肥项目和耕地质量调查评价项目中产生了大量田间调查、农户调查、土壤和植物样品分析测试和田间试验数据。《廊坊市耕地质量演变与提质增效》收集了廊坊市测土配方施肥项目土壤养分测定结果、第二次土壤普查的各类成果、2020 年之前的全市地力评价结果、耕地资源资产负债表和耕地质量监测数据及报告、作物肥料利用率田间试验等数据资料。本书内容融合了编著人员的多年实践和研究成果，共分为六章，包括廊坊市自然资源与农业生产概况、耕地土壤属性演变规律、土壤属性分级评述、耕地质量综合等级时空演变、耕地施肥现状和分区施肥指导、耕地资源提质增效等。本书将为廊坊市在农业生产中科学合理管理耕地、制订合理施肥技术、提高耕地质量、改善农产品品质并提高产量提供科学依据。

　　本书由廊坊市农业农村局、河北农业大学相关人员共同编写，书中融合了编写成员的多年实践和研究成果。在相关内容的实施过程中，河北省耕地质量监测保护中心、河北省农业技术推广总站等单位的相关技术人员也给予了大力支持和帮助，在此表示谢意！最后感谢国家重点研发计划（2023YFD2301500）、河北省重点研发计划

　　① 资料来源：《人民日报》2015 年 5 月 27 日 1 版。

（22326401D 和 21326402D）、廊坊市耕地质量保护与提升、化肥减量增效和河北农业大学科研发展基金计划（JY2022006 和 JY2022005）等项目的资助。

由于写作时间仓促及作者学识水平所限，书中疏漏在所难免，敬请各级专家及读者提出宝贵意见和建议，以便进一步修改和完善。

本书涉及土壤肥料、植物营养、耕地保护等多个学科，可供土壤、肥料、农学、植保、园艺、农业管理、农业技术推广、大专院校以及科研院所等部门的技术人员和广大师生阅读、参考。

编著者

2024 年 4 月

目　　录

第一章 自然资源与农业生产概况

一、地理位置与行政区划

廊坊市位于华北平原中东部，河北省中部。地处北纬 $38°28′ \sim 40°15′$、东经 $116°7′ \sim 117°14′$。廊坊境域北起燕山南麓丘陵地区，南抵黑龙港流域。南北狭长 174 km，东西窄，最窄处不足 20 km。北部与北京市为邻，西部与保定市的涿州、雄县、高碑店接壤，南部与沧州市的任丘、河间、青县相连，东部与天津市的武清、宝坻、蓟州区交界，地处京津冀城市群核心地带、环渤海腹地。廊坊市区距北京天安门广场仅 40 km，距天津中心城区 60 km，距首都国际机场和天津滨海国际机场 70 km，距天津港 100 km。7 条高速公路，5 条铁路干线穿越廊坊市境内，10 条国家级和 20 条省级公路纵横交错，是中国铁路、公路密度最大的地区之一。

廊坊下辖广阳区、安次区 2 区，三河市、霸州市 2 县级市，大厂、香河、永清、固安、文安、大城 6 县和廊坊经济技术开发区。总面积 6 429 km^2，市区面积 54 km^2。截至 2022 年底，廊坊市常住人口为 549.53 万人。

二、自然资源概况

（一）自然气候条件

廊坊市地处中纬度地带，属暖温带大陆性季风气候，四季分明。夏季炎热多雨，冬季寒冷干燥，春季干旱多风沙，秋季秋高气爽，冷热适宜。廊坊市年平均气温为 11.9℃。1 月最冷，月平均气温为 -4.7℃；7 月最热，月平均气温为 26.2℃。全市早霜一般始于 10 月中下旬，晚霜一般止于翌年 4 月中下旬，年平均无霜期 183 d 左右。全市年平均降水量 554.9 mm。降水季节分布不均，多集中在夏季，6—8 月 3 个月降水量一般可达全年总降水量的 70% ~ 80%。全市年平均日照时数在 2 660 h 左右，每年 5—6 月日照时数最多。冬季多偏北风，夏季多偏南风，年平均风速一般为 1.5 ~ 2.5 m/s。光热资源充足，雨热同季，有利于农作物生长。

（二）地形地貌

廊坊市大部处于凹陷地区，随着地壳下沉，地面逐渐被第四纪沉积物填平，致使新生界地层沉降厚度较大。全市地貌比较平缓单调，以平原为主，一般高程在海拔 2.5~30 m，平均海拔 13 m 左右。由于洪积、冲积作用和河流多次决口改道淤积，沉积物交错分布，加上风力及人为活动的影响，廊坊境内地貌差异性较大，缓岗、洼地、沙丘、小型冲积堆等遍布，全市地貌呈现大平小不平状态。

北部地区地势较高，北高南低，地貌类型较多，三河市东北隅有小面积低山丘陵，为燕山南侧余脉，面积 76 km²，一般山峰高度在海拔 200~300 m，大岭后山海拔高度 521 m，为全市最高山峰；其次是龙门山，海拔 459 m；在山地丘陵西部和南部，沿燕山南麓，呈东西带状分布着山麓平原，面积 773 km²，地势由北向南倾斜，高程在海拔 10~30 m，平均海拔 18 m 左右；再往南沿香河县中部和南部为冲积平原区，地势从西北向东南倾斜，坡度 1/3 000，海拔 5~16 m，平均海拔 11 m。

廊坊市中、南部地区全部为冲积平原区，地貌类型平缓单一，总面积 5 179 km²，占全市总面积的 80%以上。高程在海拔 2.5~25 m，坡度为 1/10 000~1/2 500。大清河以北地势由西北向东南低平，大清河以南地势由西向东北低平。著名的文安洼和东淀，分别处在大清河南北，洼淀总面积 7.9 万 hm²，占全市总面积的 12.3%。其中文安洼面积 5.9 万 hm²，平均海拔不到 4 m，马武营村北一带，海拔只有 2 m，为全市最低点。东淀面积 2 万 hm²，平均海拔 5 m 左右，最低处 2.5 m。

（三）水文资源

廊坊市处在海河流域中下游，水系发达，素有"九河下梢"之称，流经本市的大小河流有 20 条，一般平均每年可拦蓄地表水 3.33 亿 m³；水资源可利用量为 7.74 亿 m³。主要有北四河（潮白河、北运河、泃河、鲍丘河）、南三河（永定河、大清河、子牙河），分别源于燕山、太行山、黄土高原，最后经天津入海。海河流域主要行洪河道除南运河不流经廊坊市外，其他河流均流经廊坊市。另外，廊坊市境内还有文安洼、东淀、永定河泛区、贾口洼 4 个国家防汛抗旱总指挥部直接调度的蓄滞洪区。由于廊坊市地处海河流域下游地区，每到汛期，上游暴雨容易形成洪涝灾害（表 1-1）。

表 1-1 廊坊地区河流分布情况

名称	源头	流经	沉积特点
潮白河	沽源县。干流白河、潮河汇于密云县，始称潮白河	三河、大厂西部、香河北部，由香河县荣各庄出境	三河市一般为切割冲积扇地形，香河城关以下为地上河，含沙量较大，沉积物较粗，但比永定河细
泃河	兴隆县青碳岭	三河市东部	河床标高 5~10 m，下切 2.5~6 m，阶地明显。北部为地下河，北务村至泗河为地上河，沉积物较粗

（续表）

名称	源头	流经	沉积特点
鲍丘河	北京顺义区	三河，经该市东南于天津宝坻芮庄入沟河	流量小，季节河
北运河	北京昌平区军都山东麓居庸关附近	香河县西部，从李庄南入天津武清区	历史上流量大，含沙量大，使流经地区沉积了大片沙地、沙丘
永定河	山西雁北地区内蒙古乌兰察布	固安县北村入境，梁各庄入泛区、固安、永清、廊坊、霸州	上游泥沙量大，流急，卢沟桥以下，地缓、泥沙沉积，多次改道
大清河	太行山	北支流经固安西部；南支流经霸州、文安交界处	北支含沙量大，沉积物粗；南支含沙量小，坡降小，流量大，冲积湖积交互沉淀
子牙河（滹沱河干流段）	山西繁峙县东	大城东南部	含沙量大，河流两侧有自然堤

（四）矿产资源

廊坊市位于燕山山脉的南侧，有着较为丰富的矿产资源，主要有石油、天然气、煤、熔剂白云岩、水泥用灰岩、紫砂陶瓷用黏土、海泡石以及地下热水、矿泉水等矿产资源。煤炭主要分布于北部三河市和南部大城县境内。根据河北省煤田地质局对大城县地下煤田多年的勘查，大城县地下蕴藏着一个储量高达190.1亿 t 的优质煤田，煤层几乎遍布该县全境，在这个西南—东北走向的煤区中，煤炭资源分布在地下2 000 m 以内，含煤14 层，厚度达27.6 m，总含煤面积达1 040 km²；石油和天然气主要分布在安次区、永清县、固安县、霸州市和文安县，已探明石油储量2 亿 t，天然气储量186亿 m³；辖区内各区、市、县均有地下热水分布，总面积达1 007.9 km²，出口最高温度达93℃，极具开发价值。

（五）土地资源概况

1. 土壤类型及分布现状

根据第二次土壤普查结果，廊坊市土壤分类为7 个土类，14 个亚类，27 个土属，52 个土种。

2. 土地利用现状

根据全国第三次土地调查数据，廊坊市土地总面积6 411.01 km²。农用地面积4 540.10 km²，占土地总面积的70.81%；建设用地面积1 518.28 km²，占土地总面积的23.68%；农用地和建设用地占土地总面积的94.5%。廊坊市土地利用现状见表1-2 和图1-1。

表1-2 廊坊市土地利用现状

地类			廊坊市	
			面积/km²	比例/%
农用地	耕地	旱地	934.2	14.57
		水浇地	2 772.92	43.25
		水田	1.82	0.03
	园地	果园	242.67	3.79
		其他园地	0.22	0.00
	林地	其他林地	320.13	4.99
		有林地	111.16	1.73
		灌木林地	0.12	0.00
	草地	其他草地	96.21	1.50
		人工牧草地	0.48	0.01
	其他农用地	设施农用地	60.16	0.94
		田坎	0.01	0.00
	合计		4 540.1	70.81
建设用地	城镇用地	城市	98.66	1.54
		建制镇	226.52	3.53
	村庄	村庄	958.37	14.95
	采矿用地	采矿用地	54.9	0.86
	交通水利及其他建设用地	公路用地	98.13	1.53
		铁路用地	12.97	0.20
		农村道路	9.63	0.15
		管道运输用地	0.01	0.00
		机场用地	7.99	0.12
		水工建筑用地	51.1	0.80
	合计		1 518.28	23.68
未利用地	水域	河流水面	92.86	1.45
		坑塘水面	42.6	0.66
		沟渠	122.28	1.91
	自然保留地	风景名胜及特殊用地	29.61	0.46
		盐碱地	6.14	0.10
		有林地	0.35	0.01
		沼泽地	0.08	0.00
		内陆滩涂	27.64	0.43
		裸地	31.08	0.48
	合计		352.62	5.50
总计			6 411.01	100.00

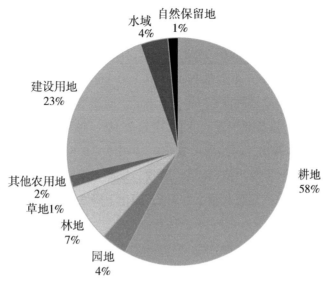

图 1-1 廊坊市土地利用现状

3. 耕地质量与数量

2022 年廊坊市耕地 276 598 hm²，1~8 级耕地面积分别为 666 hm²、13 880 hm²、44 511 hm²、88 965 hm²、62 490 hm²、60 551 hm²、5 353 hm²、182 hm²，占耕地总面积分别为 0.24%、5.01%、16.09%、32.16%、22.59%、21.89%、1.93%、0.06%；9~10 级耕地面积均为 0 hm²，全市耕地质量平均等级为 4.46。

（六）植物资源

廊坊市南北狭长，地形复杂，植被种类繁多。全市植物资源有 127 科，400 余属，920 种。栽培植物有粮食作物、豆类、薯类、油料、棉麻、烟草、药材、蔬菜、瓜类、林果、牧草 11 大类共 100 多种。丘陵地区以旱生灌丛草本植物为主，树少且多为人工栽培。阴坡植被茂密而阳坡植被稀疏。野生植被有酸枣、荆条、胡枝子、白草、阿尔泰紫菀等。栽培植被有枣树、核桃树、柿子树等。在谷地、山间盆地种植玉米、谷子、小麦等栽培作物。山麓平原上部坎沟多为酸枣、毛地黄等野生耐旱植被。平原农田中一般为禾本科杂草，栽培作物为谷子、玉米等。冲积平原野生植被主要生长在田际隙地、路边，田间稀少。主要有节节草、画眉草、芦苇草、三菱草、马齿苋、沙蓬、茅草、虎尾草、狗尾草、茶棵子、车前草、马绊草、枸杞等；栽培作物有小麦、玉米、大豆、谷子、水稻、棉花、花生、向日葵等，树木有桃树、梨树、苹果树、杏树、杨树、柳树等。

廊坊城区绿地率达到 43.97%，绿化覆盖率达到 47.25%，人均公园绿地面积达到 13.93 m²。

三、农业生产概况

2022 年，廊坊市粮食播种面积 27.3 万 hm²，同比增长 0.9%；粮食总产量 153.1 万 t，同比增长 1.6%。其中，小麦播种面积 6.1 万 hm²，同比增长 2.6%，产量 36.9 万 t，同比增长 2.5%；玉米播种面积 19.7 万 hm²，同比增长 0.04%，产量 110.6 万 t，同比增长 1.4%。蔬菜产量 510.3 万 t，同比增长 2.1%。瓜果产量 47.0 万 t，同比下降 0.3%。生猪出栏 120.4 万头，同比增长 2.6%。牛出栏 15.6 万头，同比增长 3.9%。禽蛋产量 13.3 万 t，同比增长 3.4%。蔬菜、畜牧、果品三大支柱产业产值占农林牧渔业总产值比重达 78.8%。水产品总产量 2.0 万 t，同比下降 3.0%。

第二章　耕地土壤属性演变规律

　　土壤性质是衡量土壤肥力高低和耕地质量等级的重要参数，包括物理、化学和生物学性状。了解土壤的理化性质可以为耕地质量综合等级评价和制订相应的合理利用技术措施提供科学依据。本章将廊坊市 2009—2011 年所有农业项目测定的各种土壤理化性状结果进行汇总分析，作为该市 2010 年统计结果，将 2019—2021 年所有农业项目测定的各种土壤理化性状结果进行汇总分析作为该市 2020 年统计结果，比较两时间段土壤性状演变规律。廊坊市受地质构造影响，大部处于凹陷地区，随着地壳下沉，地面逐渐被第四纪沉积物填平，致使新生界地层沉降厚度较大，全市地貌比较平缓单调，以平原为主，具有深厚的第四纪沉积物，沉积物颗粒粗细不同，深刻地影响了地下水的贮量、水质和水化学类型，浅水位的埋深及水质不同，又直接影响土壤类型和土壤肥料状况。由于洪积、冲积作用和河流多次决口改道淤积，沉积物交错分布，加上风力及人为活动影响，廊坊市境内地貌差异性较大，缓岗、洼地、沙丘、小型冲积堆等遍布，全市地貌呈现大平小不平状态。纵观全市地势，从北、西、南三面逐渐向天津海河下游低倾。结合地理位置分布和地貌类型，将廊坊市划分为北三县（包括三河市、大厂回族自治县、香河县）、中部地区（包括广阳区、安次区、永清县、固安县）和南三县（包括霸州市、文安县、大城县），在分析土壤养分变化特征时按照这三个地区分别进行统计称作不同地貌类型。

第一节　土壤物理性质

一、土壤容重

（一）土壤容重时间变化特征

　　表 2-1 表明，廊坊市 2010 年耕地土壤平均容重为 1.38 g/cm³，变幅 1.11 ~ 1.66 g/cm³；2020 年土壤平均容重为 1.36 g/cm³，变幅 1.14 ~ 1.59 g/cm³。2020 年较 2010 年土壤平均容重减少 0.02 g/cm³，年均减少 0.002 g/cm³，变异系数减少 0.7 个百

分点。10 年来廊坊市土壤平均容重基本稳定。

表 2-1　廊坊市土壤容重时间变化特征

年份	平均值/ (g/cm³)	最大值/ (g/cm³)	最小值/ (g/cm³)	标准差/ (g/cm³)	变异系数/%
2010	1.38	1.66	1.11	0.11	8.06
2020	1.36	1.59	1.14	0.10	7.36

（二）不同地区土壤容重时间变化特征

表 2-2 表明，2010 年土壤平均容重永清县与固安县相差 0.28 g/cm³；2020 年土壤平均容重最高的永清县与最低的固安县相差 0.37 g/cm³。2020 年与 2010 年比较，除安次区外，其他各地区土壤容重均有所减少。

表 2-2　廊坊市不同区域土壤容重时间变化特征

地区	2010 年容重/ (g/cm³)					2020 年容重/ (g/cm³)				
	平均	最大	最小	标准差	变异系数/%	平均	最大	最小	标准差	变异系数/%
三河市	1.41	1.66	1.14	0.10	7.32	1.40	1.64	1.15	0.11	7.66
大厂回族自治县	1.33	1.72	1.01	0.14	10.76	1.31	1.71	1.00	0.15	11.49
香河县	1.38	1.68	1.15	0.10	6.94	1.36	1.65	1.24	0.07	5.00
广阳区	1.33	1.57	1.06	0.11	8.62	1.31	1.52	1.07	0.11	8.18
安次区	1.36	1.70	1.10	0.13	9.53	1.39	1.65	1.12	0.13	9.09
永清县	1.49	1.66	1.32	0.07	4.68	1.48	1.60	1.29	0.07	4.74
固安县	1.21	1.57	0.99	0.15	12.24	1.11	1.48	0.95	0.09	7.73
霸州市	1.41	1.65	1.16	0.11	7.51	1.38	1.58	1.11	0.13	9.36
文安县	1.41	1.61	1.12	0.08	5.98	1.40	1.54	1.19	0.07	5.31
大城县	1.43	1.74	1.09	0.10	7.01	1.43	1.56	1.32	0.07	5.06
全市平均	1.38	1.66	1.11	0.11	8.06	1.36	1.59	1.14	0.10	7.36

二、土壤耕层厚度

（一）土壤耕层厚度时间变化特征

表 2-3 表明，廊坊市 2010 年土壤平均耕层厚度为 19.23 cm，变幅 18.10 ~

19.80 cm；2020 年土壤平均耕层厚度 19.64 cm，变幅 18.20~21.80 cm。2020 年与 2010 年相比，土壤平均耕层厚度增加 0.41 cm，年均增加 0.041 cm，变异系数增加 0.65 个百分点。10 年来廊坊市土壤耕层平均厚度呈逐步增加趋势。

表 2-3　廊坊市土壤耕层厚度时间变化特征

年份	平均值/cm	最大值/cm	最小值/cm	标准差/cm	变异系数/%
2010	19.23	19.80	18.10	0.50	2.72
2020	19.64	21.80	18.20	0.71	3.37

（二）不同地区土壤耕层厚度时间变化特征

表 2-4 表明，2010 年广阳区、安次区、永清县、固安县、霸州市平均耕层厚度均较高，为 20.00 cm，与最低的大厂回族自治县相差 3.54 cm；2020 年固安县平均耕层厚度高于大厂回族自治县 8.7 cm。与 2010 年比较，2020 年三河市、香河县、固安县、文安县、大城县耕层厚度有所提升，固安县耕层厚度升幅最大，为 3.75 cm；大厂回族自治县耕层厚度下降 1.41 cm。10 年来廊坊市各区县耕层厚度基本稳定。

表 2-4　廊坊市不同区域土壤耕层厚度时间变化特征

地区	2010 年土壤耕层厚度/cm					2020 年土壤耕层厚度/cm				
	平均	最大	最小	标准差	变异系数/%	平均	最大	最小	标准差	变异系数/%
三河市	19.67	20.00	15.00	1.25	6.38	20.00	25.00	15.00	0.92	4.60
大厂回族自治县	16.46	18.00	15.00	1.30	7.90	15.05	18.00	15.00	0.39	2.57
香河县	18.10	20.00	16.00	0.96	5.31	18.35	25.00	16.00	1.49	8.14
广阳区	20.00	20.00	20.00	0.00	0.00	20.00	20.00	20.00	0.00	0.00
安次区	20.00	20.00	20.00	0.00	0.00	20.00	20.00	20.00	0.00	0.00
永清县	20.00	20.00	20.00	0.00	0.00	20.00	20.00	20.00	0.00	0.00
固安县	20.00	20.00	20.00	0.00	0.00	23.75	30.00	18.00	3.74	15.73
霸州市	20.00	20.00	20.00	0.00	0.00	20.00	20.00	20.00	0.00	0.00
文安县	19.07	20.00	17.00	0.87	4.57	19.28	20.00	18.00	0.52	2.67
大城县	19.04	20.00	18.00	0.58	3.04	20.00	20.00	20.00	0.00	0.00
全市平均	19.23	19.80	18.10	0.50	2.72	19.64	21.80	18.20	0.71	3.37

第二节 土壤 pH 值和有机质

一、土壤 pH 值

（一）土壤 pH 值时间变化特征

表 2-5 表明，廊坊市 2010 年耕地土壤 pH 值平均为 8.15，变幅 7.25~8.79；2020 年土壤 pH 值平均为 8.39，变幅 7.78~8.83。2020 年与 2010 年比较，土壤 pH 值增长了 0.24 个单位，变异系数下降 0.78 个百分点。

表 2-5 廊坊市土壤 pH 值时间变化特征

年份	平均值	最大值	最小值	标准偏差	变异系数/%
2010	8.15	8.79	7.25	0.27	3.32
2020	8.39	8.83	7.78	0.21	2.54

（二）不同地区土壤 pH 值时间变化特征

表 2-6 表明，2010 年土壤平均 pH 值最高的永清县与最低的三河市相差 2.12；2020 年土壤 pH 值平均最高的广阳区与最低的三河市相差 0.89。2020 年与 2010 年比较，三河市、大厂回族自治县、香河县、广阳区、固安县、霸州市、文安县土壤 pH 值增加，三河市土壤 pH 值增幅最大；其余地区土壤 pH 值均呈下降趋势。

表 2-6 廊坊市不同地区土壤 pH 值时间变化特征

地区	2010 年 pH 值					2020 年 pH 值				
	平均	最大	最小	标准差	变异系数/%	平均	最大	最小	标准差	变异系数/%
三河市	6.68	7.30	6.00	0.26	3.85	7.87	8.36	6.75	0.34	4.36
大厂回族自治县	7.86	8.40	7.40	0.20	2.55	8.30	8.93	7.15	0.32	3.91
香河县	8.05	8.70	7.20	0.31	3.81	8.15	8.69	7.30	0.28	3.39
广阳区	8.20	8.80	7.40	0.30	3.70	8.76	9.20	8.40	0.18	2.03
安次区	8.66	9.20	7.80	0.28	3.18	8.61	9.04	8.09	0.20	2.30
永清县	8.81	9.40	7.20	0.34	3.88	8.53	8.90	8.30	0.13	1.58
固安县	8.37	9.20	7.30	0.27	3.24	8.41	8.78	7.97	0.17	1.97
霸州市	8.29	9.00	7.70	0.22	2.71	8.62	9.10	8.24	0.18	2.07

（续表）

地区	2010 年 pH 值					2020 年 pH 值				
	平均	最大	最小	标准差	变异系数/%	平均	最大	最小	标准差	变异系数/%
文安县	8.35	8.90	7.20	0.26	3.09	8.62	8.92	7.88	0.21	2.48
大城县	8.24	9.00	7.30	0.27	3.23	8.09	8.38	7.74	0.10	1.30
全市平均	8.15	8.79	7.25	0.27	3.32	8.39	8.83	7.78	0.21	2.54

（三）不同地貌类型土壤 pH 值时间变化特征

图 2-1 表明，两年均以中部地区土壤平均 pH 值最大，北三县最小。2010 年中部地区土壤 pH 值最大（8.51），南三县次之（8.29），北三县最小（7.53）；2020 年中部地区土壤 pH 值最大（8.58），南三县次之（8.44），北三县最小（8.10）。与 2010 年相比，10 年来北三县土壤 pH 值平均增加 0.57 个单位；中部地区土壤 pH 值平均增加 0.07 个单位；南三县平均增加 0.15 个单位。

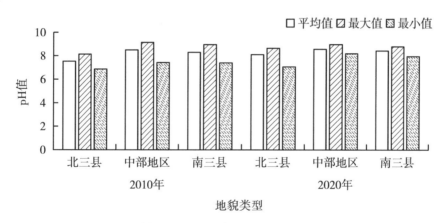

图 2-1　廊坊市不同地貌类型的土壤 pH 值演变规律

二、土壤有机质

（一）土壤有机质时间变化特征

表 2-7 表明，2010 年廊坊市耕地土壤有机质平均为 15.70 g/kg，变幅 5.71 ～ 28.63 g/kg；2020 年土壤有机质平均为 16.20 g/kg，变幅 6.25 ～ 28.97 g/kg。2010—2020 年平均含量上升 0.50 g/kg，年均升高 0.05 g/kg，变异系数减少 1.28 个百分点。10 年来廊坊市土壤有机质有增加趋势。

表 2-7　廊坊市土壤有机质时间变化特征

年份	平均值/（g/kg）	最大值/（g/kg）	最小值/（g/kg）	标准差/（g/kg）	变异系数/%
2010	15. 70	28. 63	5. 71	4. 55	29. 34
2020	16. 20	28. 97	6. 25	4. 52	28. 06

（二）不同地区土壤有机质时间变化特征

表 2-8 表明，2010 年土壤有机质平均含量最高的广阳区与最低的永清县相差 9.55 g/kg；2020 年最高的三河市与最低的广阳区相差 7.53 g/kg。2010—2020 年三河市、大厂回族自治县、香河县、永清县、霸州市、文安县土壤有机质含量均提升；永清县增幅最大，为 5.36 g/kg。

表 2-8　廊坊市不同地区土壤有机质时间变化特征

地区	2010 年土壤有机质/（g/kg）					2020 年土壤有机质/（g/kg）				
	平均	最大	最小	标准差	变异系数/%	平均	最大	最小	标准差	变异系数/%
三河市	17. 38	34. 20	5. 50	4. 52	26. 03	19. 90	40. 20	9. 66	5. 77	29. 01
大厂回族自治县	17. 07	24. 60	8. 20	3. 19	18. 71	18. 01	34. 20	8. 04	4. 76	26. 42
香河县	17. 75	27. 50	6. 70	4. 26	23. 98	18. 28	27. 00	8. 46	4. 17	22. 79
广阳区	18. 92	36. 60	9. 10	4. 65	24. 56	12. 37	23. 70	3. 10	4. 30	34. 78
安次区	17. 50	39. 10	1. 40	9. 72	55. 56	16. 50	28. 60	4. 95	4. 95	29. 97
永清县	9. 37	17. 70	1. 40	3. 70	39. 43	14. 73	23. 70	6. 80	3. 26	22. 10
固安县	15. 14	22. 50	5. 00	3. 15	20. 79	15. 06	25. 00	3. 82	4. 48	29. 76
霸州市	14. 78	28. 30	5. 90	4. 57	30. 92	14. 87	29. 90	3. 39	5. 01	33. 69
文安县	15. 01	29. 90	7. 50	3. 89	25. 89	18. 45	36. 40	9. 61	5. 19	28. 15
大城县	14. 09	25. 90	6. 40	3. 89	27. 57	13. 85	20. 99	4. 69	3. 32	23. 95
全市平均	15. 70	28. 63	5. 71	4. 55	29. 34	16. 20	28. 97	6. 25	4. 52	28. 06

（三）不同地貌类型土壤有机质时间变化特征

图 2-2 表明，两年均以北三县土壤有机质最高。2010 年北三县土壤有机质最高，中部地区次之，南三县最低；2020 年北三县土壤有机质最高，南三县次之，中部地区最低。与 2010 年相比，10 年来北三县土壤有机质平均增加 1.33 g/kg；中部地区平均减少 0.57 g/kg；南三县平均增加 1.09 g/kg。

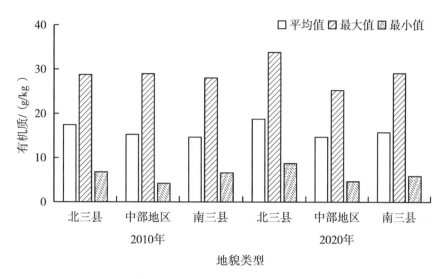

图2-2 廊坊市不同地貌类型的土壤有机质演变规律

第三节 土壤大量营养元素

土壤养分包括氮（N）、磷（P）、钾（K）、钙（Ca）、镁（Mg）、硫（S）、铁（Fe）、锰（Mn）、铜（Cu）、锌（Zn）、硼（B）、钼（Mo）和氯（Cl）等元素。根据作物对它们的需要量可以划分为大量元素、中量元素和微量元素。本次廊坊市完成的土壤养分测定包括全氮、有效磷、速效钾、缓效钾、有效硫、有效硅、有效铁、有效锰、有效铜、有效锌、水溶性硼等。在进行土壤样品数据整理时，结合专业经验，采用 $\bar{x}\pm3S$ 法判断分析数据中的异常值：根据一组数据的测定结果，由大到小排列，把大于 $\bar{x}\pm3S$ 和小于 $\bar{x}\pm3S$ 的测定值视为异常值去掉。

一、土壤氮素

（一）土壤全氮时间变化特征

表2-9表明，廊坊市2010年土壤全氮为0.77 g/kg，变幅0.26～1.45 g/kg；2020年土壤全氮平均含量为1.00 g/kg，变幅0.39～1.80 g/kg。2010—2020年土壤全氮平均含量上升0.23 g/kg，年均升高0.023 g/kg，变异系数下降1.12个百分点。10年来廊坊市土壤全氮增加，区域间差距逐渐减小。

表 2-9 廊坊市土壤全氮时间变化特征

年份	平均值/（g/kg）	最大值/（g/kg）	最小值/（g/kg）	标准偏差/（g/kg）	变异系数/%
2010	0.77	1.45	0.26	0.22	29.93
2020	1.00	1.80	0.39	0.28	28.81

（二）不同地区土壤全氮时间变化特征

表 2-10 表明，2010 年土壤全氮最高的大厂回族自治县与最低的广阳区相差 0.86 g/kg；2020 年土壤全氮最高的香河县为 1.17 g/kg，最低的广阳区为 0.81 g/kg，二者相差 0.36 g/kg。2010—2020 年仅三河市、大厂回族自治县土壤全氮无变化；其余县（市、区）均有提升，廊坊市总体有上升趋势。

表 2-10 廊坊市不同地区土壤全氮时间变化特征

地区	2010 年土壤全氮/（g/kg）					2020 年土壤全氮/（g/kg）				
	平均	最大	最小	标准差	变异系数/%	平均	最大	最小	标准差	变异系数/%
三河市	1.07	1.83	0.36	0.26	24.38	1.07	2.14	0.52	0.35	32.99
大厂回族自治县	1.13	1.96	0.49	0.23	20.56	1.13	2.03	0.48	0.31	27.42
香河县	1.05	1.54	0.50	0.20	19.33	1.17	1.89	0.60	0.27	22.92
广阳区	0.27	0.47	0.12	0.08	31.32	0.81	1.47	0.18	0.30	36.76
安次区	0.47	1.02	0.04	0.17	36.13	0.96	1.65	0.39	0.27	27.80
永清县	0.67	1.39	0.22	0.25	37.59	0.82	1.28	0.33	0.20	24.92
固安县	0.65	1.09	0.10	0.19	29.63	0.99	1.44	0.30	0.25	25.12
霸州市	0.70	1.41	0.07	0.27	38.45	0.89	1.76	0.24	0.32	35.77
文安县	1.00	2.12	0.45	0.29	29.36	1.17	2.28	0.64	0.30	25.54
大城县	0.66	1.69	0.25	0.22	32.57	0.99	2.08	0.25	0.29	28.82
全市平均	0.77	1.45	0.26	0.22	29.93	1.00	1.80	0.39	0.28	28.81

（三）不同地貌类型土壤全氮时间变化特征

图 2-3 表明，两年均以北三县土壤全氮平均值最高，中部地区最低。2010 年北三县最高（1.08 g/kg），南三县次之（0.78 g/kg），中部地区最低（0.52 g/kg）；2020 年北三县最高（1.12 g/kg），南三县次之（1.02 g/kg），中部地区最低（0.89 g/kg）。与 2010 年相比，10 年来北三县土壤全氮平均增加 0.04 g/kg；中部地区增加 0.38 g/kg；南三县增加 0.23 g/kg。

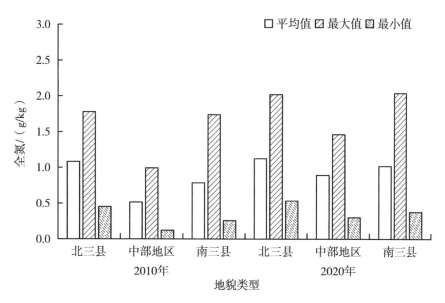

图2-3 廊坊市不同地貌类型的土壤全氮演变规律

二、土壤有效磷

（一）土壤有效磷时间变化特征

表2-11表明，2010年廊坊市土壤有效磷平均为24.37 mg/kg，变幅4.35～70.40 mg/kg；2020年土壤有效磷为30.21 mg/kg，变幅3.40～174.36 mg/kg。2010—2020年土壤有效磷平均增加5.83 mg/kg，年均增加0.583 mg/kg，变异系数增加48.31个百分点。10年来廊坊市土壤有效磷逐步增加，区域间差距逐渐增大。

表2-11 廊坊市土壤有效磷时间变化特征

年份	平均值/（mg/kg）	最大值/（mg/kg）	最小值/（mg/kg）	标准差/（mg/kg）	变异系数/%
2010	24.37	70.40	4.35	14.95	63.65
2020	30.21	174.36	3.40	32.52	111.96

（二）不同地区土壤有效磷时间变化特征

表2-12表明，2010年土壤有效磷大城县最高（35.48 mg/kg），文安县最低（10.32 mg/kg），相差25.16 mg/kg；2020年香河县最高（60.79 mg/kg），霸州市最低（13.66 mg/kg），相差47.13 mg/kg。2010—2020年三河市、大厂回族自治县、香河县、广阳区、安次区、永清县、固安县、文安县土壤有效磷提升，香河县升幅最大，为

31.68 mg/kg；其余地区土壤有效磷呈下降趋势。廊坊市土壤有效磷总体逐渐增加。

表2-12　廊坊市不同地区土壤有效磷时间变化特征

地区	2010年土壤有效磷/（mg/kg）					2020年土壤有效磷/（mg/kg）				
	平均	最大	最小	标准差	变异系数/%	平均	最大	最小	标准差	变异系数/%
三河市	31.05	93.60	6.10	21.42	68.99	47.39	172.10	7.65	36.80	77.67
大厂回族自治县	26.41	84.70	5.50	13.25	50.19	37.95	164.80	3.40	33.93	89.41
香河县	29.11	71.00	6.00	14.28	49.05	60.79	266.00	4.40	50.89	83.71
广阳区	29.50	42.60	12.30	5.44	18.43	34.80	333.00	1.70	70.62	202.95
安次区	19.28	55.00	5.50	11.17	57.96	26.85	311.00	3.80	41.68	155.22
永清县	14.23	38.20	0.40	10.00	70.31	15.36	117.80	2.00	17.60	114.61
固安县	26.10	76.30	4.40	15.20	58.26	32.59	121.00	2.95	22.99	70.56
霸州市	22.25	77.90	1.00	17.97	80.77	13.66	81.30	2.50	14.88	108.89
文安县	10.32	42.30	0.70	9.86	95.50	15.69	61.10	3.30	11.67	74.37
大城县	35.48	122.40	1.60	30.86	86.99	17.00	115.50	2.30	24.17	142.17
全市平均	24.37	70.40	4.35	14.95	63.65	30.21	174.36	3.40	32.52	111.96

（三）不同地貌类型土壤有效磷时间变化特征

图2-4表明，两年均以北三县土壤有效磷平均值最高。2010年土壤有效磷北三县、中部地区、南三县分别为28.86 mg/kg、22.28 mg/kg、22.68 mg/kg；2020年土壤有效磷北三县、中部地区、南三县分别为48.71 mg/kg、27.40 mg/kg、15.45 mg/kg。与2010年相比，10年来土壤有效磷北三县平均增加19.85 mg/kg；中部地区平均增加5.12 mg/kg；南三县平均减少7.23 mg/kg。

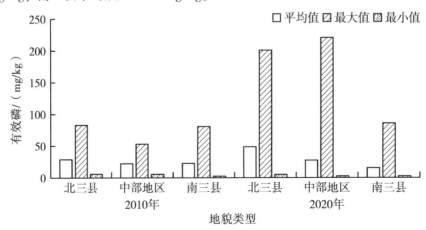

图2-4　廊坊市不同地貌类型的土壤有效磷演变规律

三、土壤钾素

（一）速效钾

1. 土壤速效钾时间变化特征

表 2-13 表明，廊坊市 2010 年土壤速效钾平均为 149.49 mg/kg，变幅 57.20～313.30 mg/kg；2020 年土壤速效钾平均为 193.86 mg/kg，变幅 71.60～636.50 mg/kg。2010—2020 年增加 44.37 mg/kg，年均增加 4.437 mg/kg，变异系数增加 16.70 个百分点。10 年来廊坊市土壤速效钾逐步增加。

表 2-13　廊坊市土壤速效钾时间变化特征

年份	平均值/ （mg/kg）	最大值/ （mg/kg）	最小值/ （mg/kg）	标准差/ （mg/kg）	变异系数/%
2010	149.49	313.30	57.20	53.11	34.89
2020	193.86	636.50	71.60	99.98	51.59

2. 不同地区土壤速效钾时间变化特征

表 2-14 表明，2010 年土壤速效钾平均值安次区最高（207.97 mg/kg），文安县最低（120.12 mg/kg），两者相差 87.85 mg/kg；2020 年土壤速效钾固安县最高（266.83 mg/kg），香河县最低（158.27 mg/kg），两者相差 108.56 mg/kg。2010—2020年全市土壤速效钾均有所提升，固安县土壤速效钾升幅最大，为 128.43 mg/kg。10 年来各县（市、区）土壤速效钾总体逐步增加。

表 2-14　廊坊市不同地区土壤速效钾时间变化特征

地区	2010 年土壤速效钾/（mg/kg）					2020 年土壤速效钾/（mg/kg）				
	平均	最大	最小	标准差	变异 系数/%	平均	最大	最小	标准差	变异 系数/%
三河市	151.52	334.00	72.00	51.22	33.80	196.15	914.00	62.00	143.74	73.28
大厂回族自治县	156.10	356.00	92.00	55.34	35.45	170.92	730.00	56.00	106.42	62.26
香河县	141.64	244.00	71.00	31.84	22.48	158.27	420.00	72.00	63.89	40.37
广阳区	121.73	167.00	84.00	18.49	15.19	161.25	650.00	63.00	86.42	53.59
安次区	207.97	320.00	24.00	72.25	34.74	226.95	700.00	70.00	105.19	46.35
永清县	135.03	285.00	34.00	59.85	44.32	189.90	461.00	95.00	79.42	41.82
固安县	138.40	340.00	59.00	40.23	29.07	266.83	786.00	75.00	145.16	54.40

（续表）

地区	2010 年土壤速效钾/（mg/kg）					2020 年土壤速效钾/（mg/kg）				
	平均	最大	最小	标准差	变异系数/%	平均	最大	最小	标准差	变异系数/%
霸州市	156.14	337.00	42.00	67.63	43.31	205.75	488.00	74.00	84.52	41.08
文安县	120.12	270.00	64.00	42.36	35.26	184.63	406.00	96.00	62.80	34.02
大城县	166.22	480.00	30.00	91.92	55.30	177.93	810.00	53.00	122.23	68.69
全市平均	149.49	313.30	57.20	53.11	34.89	193.86	636.50	71.60	99.98	51.59

3. 不同地貌类型土壤速效钾时间变化特征

图 2-5 表明，两年土壤速效钾均以中部地区最高。2010 年北三县、中部地区、南三县分别为 149.76 mg/kg、150.78 mg/kg、147.50 mg/kg；2020 年北三县、中部地区、南三县分别为 175.11 mg/kg、211.23 mg/kg、189.44 mg/kg。与 2010 年相比，10 年来北三县土壤速效钾平均增加 25.40 mg/kg；中部地区平均增加 60.5 mg/kg；南三县平均增加 41.9 mg/kg。

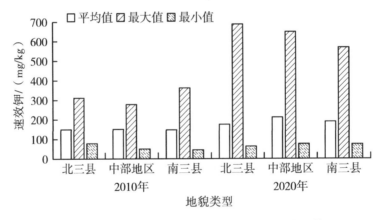

图 2-5 廊坊市不同地貌类型的土壤速效钾演变规律

（二）缓效钾

1. 土壤缓效钾时间变化特征

表 2-15 表明，2010 年廊坊市耕地土壤缓效钾平均为 726.76 mg/kg，变幅 329.11～1 217.89 mg/kg；2020 年土壤缓效钾平均为 917.52 mg/kg，变幅 567.50～1 347.50 mg/kg。2010—2020 年土壤缓效钾增加 190.76 mg/kg，年均增加 19.076 mg/kg，变异系数减少 10.76 个百分点。10 年来廊坊市土壤缓效钾逐步增加。

表 2-15　廊坊市土壤缓效钾时间变化特征

年份	平均值/（mg/kg）	最大值/（mg/kg）	最小值/（mg/kg）	标准差/（mg/kg）	变异系数/%
2010	726.76	1 217.89	329.11	203.45	28.97
2020	917.52	1 347.50	567.50	165.75	18.23

2. 不同地区土壤缓效钾时间变化特征

表 2-16 表明，2010 年土壤缓效钾平均值最高的是香河县（1 180.33 mg/kg），最低的是固安县（574.26 mg/kg），两者相差 606.07 mg/kg；2020 年土壤缓效钾最高的是大城县（1 119.82 mg/kg），大厂回族自治县最低（727.75 mg/kg），两者相差 392.07 mg/kg。2010—2020 年除香河县土壤缓效钾下降 192.35 mg/kg，其余地区均上涨，全市土壤缓效钾总体逐步增加。

表 2-16　廊坊市不同地区土壤缓效钾时间变化特征

地区	2010 年土壤缓效钾/（mg/kg）					2020 年土壤缓效钾/（mg/kg）				
	平均	最大	最小	标准差	变异系数/%	平均	最大	最小	标准差	变异系数/%
三河市	659.72	1 086.00	417.00	136.66	20.71	895.22	1 592.00	522.00	215.33	24.05
大厂回族自治县	696.52	954.00	331.00	110.25	15.83	727.75	1 142.00	428.00	148.76	20.44
香河县	1 180.33	1 967.00	608.00	339.38	28.75	987.98	1 389.00	710.00	163.95	16.59
广阳区	707.32	961.00	143.00	162.23	22.94	803.43	1 238.00	453.00	189.51	23.59
安次区	596.76	1 545.00	12.00	351.08	58.83	908.45	1 164.00	622.00	125.18	13.78
永清县	689.48	1 098.00	323.00	181.43	26.31	910.05	1 218.00	626.00	127.37	14.00
固安县	574.26	1 036.00	289.00	198.20	34.51	959.77	1 310.00	633.00	122.86	12.80
霸州市	—	—	—	—	—	878.33	1 267.00	342.00	212.14	24.15
文安县	856.21	1 194.00	649.00	139.59	16.30	984.42	1 370.00	748.00	114.38	11.62
大城县	580.22	1 120.00	190.00	212.20	36.57	1 119.82	1 785.00	591.00	237.99	21.25
全市平均	726.76	1 217.89	329.11	203.45	28.97	917.52	1 347.50	567.50	165.75	18.23

3. 不同地貌类型土壤缓效钾时间变化特征

图 2-6 表明，2010 年北三县、中部地区、南三县土壤缓效钾分别为 845.53 mg/kg、641.95 mg/kg、718.22 mg/kg；2020 年北三县、中部地区、南三县分别为 870.32 mg/kg、895.43 mg/kg、994.19 mg/kg。与 2010 年相比，10 年来北三县土壤缓效钾平均增加 24.8 mg/kg，中部地区平均增加 253.5 mg/kg；南三县平均增加 276 mg/kg。

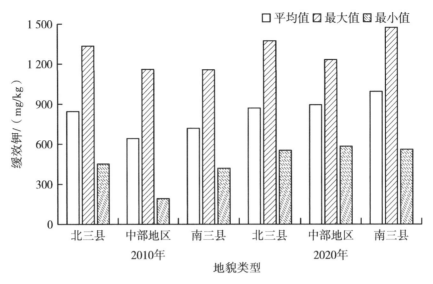

图 2-6　廊坊市不同地貌类型的土壤缓效钾演变规律

第四节　土壤中量营养元素

一、土壤有效硫

（一）土壤有效硫时间变化特征

表 2-17 表明，廊坊市 2010 年耕地土壤有效硫平均为 28.37 mg/kg，变幅 2.33 ~ 136.29 mg/kg；2020 年土壤有效硫平均为 16.94 mg/kg，变幅 11.51 ~ 26.40 mg/kg。2010—2020 年土壤有效硫平均下降 11.43 mg/kg，年均下降 1.143 mg/kg，变异系数下降 42.09 个百分点。10 年来廊坊市土壤有效硫逐步减少。

表 2-17　廊坊市土壤有效硫时间变化特征

年份	平均值/ （mg/kg）	最大值/ （mg/kg）	最小值/ （mg/kg）	标准差/ （mg/kg）	变异系数/%
2010	28.37	136.29	2.33	28.74	88.16
2020	16.94	26.40	11.51	5.75	46.07

（二）不同地区土壤有效硫时间变化特征

表 2-18 表明，2010 年廊坊市平均有效硫香河县最高（83.30 mg/kg），广阳区最低（1.07 mg/kg），相差 82.23 mg/kg；2020 年文安县最高（40.33 mg/kg），霸州市最低

（0.58 mg/kg），相差 39.75 mg/kg。2010—2020 年三河市、广阳区、安次区、固安县土壤有效硫有所提升，固安县升幅最大，为 27.54 mg/kg；其余地区均呈下降趋势，香河县降幅最大，为 72.40 mg/kg。廊坊市土壤有效硫总体逐渐下降。

表 2-18　廊坊市不同地区土壤有效硫时间变化特征

地区	2010 年土壤有效硫/（mg/kg）					2020 年土壤有效硫/（mg/kg）				
	平均	最大	最小	标准差	变异系数/%	平均	最大	最小	标准差	变异系数/%
三河市	9.90	76.30	2.20	9.06	91.57	26.33	30.00	23.00	2.94	11.18
大厂回族自治县	—	—	—	—	—	13.98	53.80	3.17	19.92	142.54
香河县	83.30	386.00	5.00	73.68	88.45	10.90	14.00	5.63	3.11	28.54
广阳区	1.07	3.50	0.30	0.54	50.67	5.73	14.20	3.40	4.21	73.39
安次区	4.76	26.50	0.20	5.00	105.00	7.77	14.30	2.07	4.01	51.58
永清县	24.99	57.80	4.30	10.22	40.91	7.53	10.40	4.00	2.55	33.83
固安县	11.79	37.70	2.80	5.77	48.98	39.33	51.00	29.00	8.89	22.61
霸州市	—	—	—	—	—	0.58	0.92	0.29	0.21	36.25
文安县	57.68	304.00	2.10	76.09	131.91	40.33	49.00	33.00	5.92	14.68
大城县	33.50	198.50	1.70	49.51	147.81	—	—	—	—	—
全市平均	28.37	136.29	2.33	28.74	88.16	16.94	26.40	11.51	5.75	46.07

（三）不同地貌类型土壤有效硫时间变化特征

图 2-7 表明，两年均以中部地区土壤有效硫平均含量最低。2010 年北三县、中部地区、南三县土壤有效硫分别为 46.60 mg/kg、10.65 mg/kg、45.59 mg/kg；2020 年北三县、中部地区、南三县土壤有效硫分别为 17.07 mg/kg、15.09 mg/kg、20.46 mg/kg。与 2010 年相比，10 年来北三县土壤有效硫平均值减少 29.53 mg/kg；中部地区平均增加 4.44 mg/kg；南三县平均减少 25.13 mg/kg。

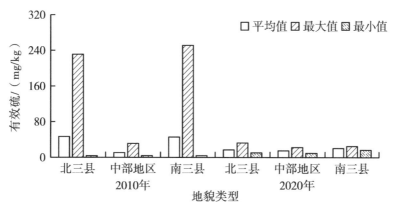

图 2-7　廊坊市不同地貌类型的土壤有效硫演变规律

二、土壤有效硅

（一）土壤有效硅空间分布特征

表2-19表明，2020年廊坊市土壤有效硅平均为236.84 mg/kg，变幅193.73～288.15 mg/kg。2020年香河县土壤平均有效硅最高，为479.83 mg/kg，永清县最低，为118.81 mg/kg，两者相差361.02 mg/kg，区域间差距较大。

表2-19 廊坊市2020年不同地区土壤有效硅空间分布特征

地区	平均/（mg/kg）	最大/（mg/kg）	最小/（mg/kg）	标准差/（mg/kg）	变异系数/%
三河市	310.56	331.62	286.42	19.43	6.26
大厂回族自治县	301.50	398.00	244.00	52.31	17.35
香河县	479.83	592.00	373.00	76.92	16.03
广阳区	189.50	228.00	159.00	23.86	12.59
安次区	197.33	274.00	138.00	55.82	28.29
永清县	118.81	130.72	109.17	9.30	7.83
固安县	149.17	174.00	112.00	25.31	16.97
霸州市	190.67	220.00	175.00	16.03	8.41
文安县	194.17	245.00	147.00	34.48	17.76
全市平均	236.84	288.15	193.73	34.83	14.61

（二）不同地貌类型土壤有效硅空间分布特征

图2-8表明，2020年北三县土壤有效硅最高（363.97 mg/kg），变幅301.14～440.54 mg/kg；其次是南三县（192.42 mg/kg），变幅161～232.50 mg/kg；中部地区最低（163.70 mg/kg），变幅129.54～201.68 mg/kg。

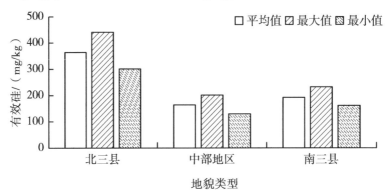

图2-8 廊坊市2020年不同地貌类型的土壤有效硅空间分布特征

第五节 土壤微量营养元素

一、有效铁

(一)土壤有效铁时间变化特征

表 2-20 表明，2010 年廊坊市耕地土壤有效铁平均为 16.02 mg/kg，变幅 5.80~37.24 mg/kg；2020 年土壤有效铁平均为 18.26 mg/kg，变幅 11.85~30.11 mg/kg。2010—2020 年土壤有效铁平均增加 2.24 mg/kg，年均增加 0.224 mg/kg，变异系数减少 8.72 个百分点。10 年来廊坊市土壤有效铁含量有所增加。

表 2-20 廊坊市土壤有效铁时间变化特征

年份	平均值/（mg/kg）	最大值/（mg/kg）	最小值/（mg/kg）	标准差/（mg/kg）	变异系数/%
2010	16.02	37.24	5.80	6.51	45.38
2020	18.26	30.11	11.85	6.83	36.66

(二)不同地区土壤有效铁时间变化特征

表 2-21 表明，2010 年三河市土壤有效铁平均含量最高（55.32 mg/kg），安次区最低（6.20 mg/kg），两者相差 49.12 mg/kg；2020 年固安县最高（28.48 mg/kg），霸州市最低（9.06 mg/kg），两者相差 19.42 mg/kg。2010—2020 年香河县、安次区、永清县、固安县、文安县土壤有效铁提升，固安县升幅最大（18.98 mg/kg）；其余地区土壤有效铁均呈下降趋势，三河市降幅最大（29.13 mg/kg）。10 年来廊坊市土壤有效铁总体呈增加趋势。

表 2-21 廊坊市不同地区土壤有效铁时间变化特征

地区	2010 年土壤有效铁/（mg/kg）					2020 年土壤有效铁/（mg/kg）				
	平均	最大	最小	标准差	变异系数/%	平均	最大	最小	标准差	变异系数/%
三河市	55.32	120.20	30.10	15.55	28.10	26.19	36.76	18.18	7.19	27.47
大厂回族自治县	21.37	42.60	10.00	6.93	32.43	20.02	40.40	9.70	10.71	53.49
香河县	10.14	26.00	3.50	5.52	54.43	17.52	23.60	13.20	4.16	23.74
广阳区	12.66	21.60	7.80	3.41	26.89	11.37	21.70	7.10	5.34	46.95
安次区	6.20	20.70	0.40	4.20	67.80	19.40	29.00	14.10	5.42	27.94

（续表）

地区	2010 年土壤有效铁/（mg/kg）					2020 年土壤有效铁/（mg/kg）				
	平均	最大	最小	标准差	变异系数/%	平均	最大	最小	标准差	变异系数/%
永清县	8.07	15.90	1.90	3.18	39.48	12.95	20.20	8.60	4.34	33.49
固安县	9.50	18.90	3.20	2.82	29.71	28.48	60.70	16.00	16.54	58.06
霸州市	9.79	24.40	0.60	4.65	47.52	9.06	14.00	6.58	3.19	35.26
文安县	9.70	22.10	0.40	4.29	44.25	19.38	24.60	13.20	4.57	23.58
大城县	17.43	60.00	0.10	14.50	83.21	—	—	—	—	—
全市平均	16.02	37.24	5.80	6.51	45.38	18.26	30.11	11.85	6.83	36.66

（三）不同地貌类型土壤有效铁时间变化特征

图 2-9 表明，两年均以北三县土壤有效铁平均值最高。2010 年北三县、中部地区、南三县土壤有效铁分别为 28.94 mg/kg、9.11 mg/kg、12.31 mg/kg；2020 年北三县、中部地区、南三县土壤有效铁分别为 21.24 mg/kg、18.05 mg/kg、14.22 mg/kg。与 2010 年相比，10 年来北三县土壤有效铁平均减少 7.70 mg/kg；中部地区平均增加 8.94 mg/kg；南三县平均增加 1.92 mg/kg。

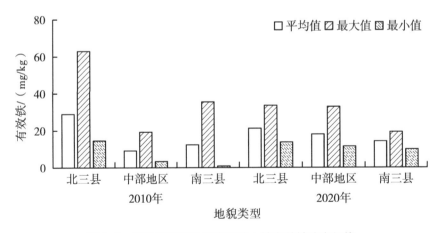

图 2-9 廊坊市不同地貌类型的土壤有效铁演变规律

二、有效锰

（一）土壤有效锰时间变化特征

表 2-22 表明，廊坊市 2010 年耕地土壤有效锰平均为 16.47mg/kg，变幅 4.65～41.72 mg/kg；2020 年为 9.58 mg/kg，变幅 6.43～13.42 mg/kg。2010—2020 年土壤有

效锰平均下降 6.89 mg/kg，年均下降 0.689 mg/kg，变异系数减少 17.59 个百分点。表明 10 年来廊坊市土壤有效锰含量减少，区域间差距逐渐减小。

表 2-22　廊坊市土壤有效锰时间变化特征

年份	平均值/ （mg/kg）	最大值/ （mg/kg）	最小值/ （mg/kg）	标准差/ （mg/kg）	变异系数/%
2010	16.47	41.72	4.65	7.58	43.95
2020	9.58	13.42	6.43	2.59	26.36

（二）不同地区土壤有效锰时间变化特征

表 2-23 表明，2010 年大厂回族自治县有效锰平均值最高（37.36 mg/kg），安次区最低（7.22 mg/kg），相差 30.14 mg/kg；2020 年香河县最高（24.72 mg/kg），固安县最低（2.21 mg/kg），相差 22.51 mg/kg。2010—2020 年香河县、安次区、永清县土壤有效锰提升，香河县增幅最大；其余地区均呈下降趋势，大厂回族自治县降幅最大，为23.31 mg/kg。10 年来全市土壤有效锰含量总体逐渐减少。

表 2-23　廊坊市不同地区土壤有效锰时间变化特征

地区	2010 年土壤有效锰/（mg/kg）					2020 年土壤有效锰/（mg/kg）				
	平均	最大	最小	标准差	变异 系数/%	平均	最大	最小	标准差	变异 系数/%
三河市	17.14	38.30	8.00	4.56	26.58	4.04	5.18	2.88	0.85	21.08
大厂回族 自治县	37.36	96.70	10.90	20.67	55.33	14.05	22.60	4.00	6.72	47.83
香河县	19.19	32.10	7.00	5.10	26.59	24.72	36.50	20.40	5.92	23.95
广阳区	12.79	17.40	9.90	1.84	14.37	5.32	6.10	3.90	0.84	15.89
安次区	7.22	25.00	0.20	4.71	65.20	7.39	10.40	5.00	2.03	27.52
永清县	8.02	22.80	2.50	3.76	46.90	9.72	11.60	7.80	1.58	16.24
固安县	16.96	51.90	3.10	6.65	39.19	2.21	3.76	1.60	0.78	35.24
霸州市	10.49	19.30	1.10	3.63	34.57	9.00	11.80	5.12	2.43	27.03
文安县	10.02	36.40	3.00	5.49	54.76	9.73	12.80	7.20	2.19	22.47
大城县	25.49	77.30	0.80	19.37	75.99	—	—	—	—	—
全市平均	16.47	41.72	4.65	7.58	43.95	9.58	13.42	6.43	2.59	26.36

（三）不同地貌类型土壤有效锰时间变化特征

图 2-10 表明，两年均以北三县土壤有效锰平均值最高。2010 年北三县土壤有效锰最高（24.57 mg/kg），其次是南三县（15.33 mg/kg），中部地区最低（11.25 mg/kg）；2020 年北三县土壤有效锰最高（14.27 mg/kg），其次是南三县（9.37 mg/kg），中部地区最低（6.16 mg/kg）。与 2010 年比，10 年来山地丘陵区土壤有效锰北三县、中部地区、南三县分别减少 10.30 mg/kg、5.09 mg/kg、5.97 mg/kg。

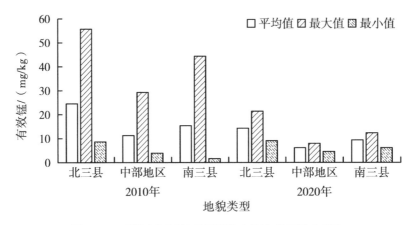

图 2-10　廊坊市不同地貌类型的土壤有效锰演变规律

三、有效铜

（一）土壤有效铜时间变化特征

表 2-24 表明，廊坊市 2010 年耕地土壤有效铜平均为 2.00 mg/kg，变幅 0.33～7.90 mg/kg；2020 年土壤有效铜平均为 1.70 mg/kg，变幅 0.97～3.40 mg/kg。2010—2020 年平均下降 0.30 mg/kg，年均下降 0.03 mg/kg，变异系数减少 17.32 个百分点。10 年来廊坊市土壤有效铜有下降趋势，区域间差距逐渐减小。

表 2-24　廊坊市土壤有效铜时间变化特征

年份	平均值/（mg/kg）	最大值/（mg/kg）	最小值/（mg/kg）	标准差/（mg/kg）	变异系数/%
2010	2.00	7.90	0.33	1.38	63.58
2020	1.70	3.40	0.97	0.93	46.26

（二）不同地区土壤有效铜时间变化特征

表 2-25 表明，2010 年廊坊市有效铜平均含量安次区最高（3.55 mg/kg），香河县最低（1.36 mg/kg），相差 2.19 mg/kg；2020 年香河县最高（3.13 mg/kg），三河市最

低（0.91 mg/kg），相差 2.22 mg/kg。2010—2020 年香河县、霸州市土壤有效铜提升；其余地区均呈下降趋势，安次区降幅最大（1.84 mg/kg）。10 年来廊坊市土壤有效铜含量逐渐减少。

表 2-25　廊坊市不同地区土壤有效铜时间变化特征

地区	2010 年土壤有效铜/（mg/kg）					2020 年土壤有效铜/（mg/kg）				
	平均	最大	最小	标准差	变异系数/%	平均	最大	最小	标准差	变异系数/%
三河市	1.55	7.62	0.29	1.10	71.10	0.91	1.23	0.65	0.24	26.33
大厂回族自治县	2.15	4.77	0.64	0.67	31.44	1.77	2.84	0.92	0.67	37.76
香河县	1.36	2.92	0.53	0.50	36.62	3.13	10.90	1.49	3.81	121.49
广阳区	1.67	8.76	0.36	1.19	71.54	1.24	2.04	0.91	0.42	34.02
安次区	3.55	14.07	0.04	3.79	106.64	1.71	2.71	0.97	0.65	38.12
永清县	1.46	4.24	0.23	0.83	57.18	1.29	1.71	0.86	0.31	23.82
固安县	1.75	4.29	0.56	0.62	35.20	1.60	3.92	0.82	1.18	73.56
霸州市	1.65	4.65	0.08	1.00	60.42	2.18	3.17	1.19	0.70	32.01
文安县	2.29	5.93	0.54	0.79	34.64	1.47	2.12	0.88	0.43	29.23
大城县	2.52	21.70	0.03	3.30	131.04	—	—	—	—	—
全市平均	2.00	7.90	0.33	1.38	63.58	1.70	3.40	0.97	0.93	46.26

（三）不同地貌类型土壤有效铜时间变化特征

图 2-11 表明，2010 年北三县土壤有效铜为 1.69 mg/kg，中部地区为 2.11 mg/kg，南三县为 2.15 mg/kg；2020 年北三县土壤有效铜为 1.94 mg/kg，中部地区为 1.46 mg/kg，南三县为 1.82 mg/kg。与 2010 年比，10 年来北三县土壤有效铜平均增加 0.25 mg/kg；中部地区平均减少 0.65 mg/kg；南三县平均减少 0.33 mg/kg。

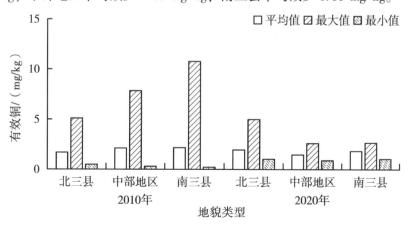

图 2-11　廊坊市不同地貌类型的土壤有效铜演变规律

四、有效锌

（一）土壤有效锌时间变化特征

表2-26表明，2010年廊坊市耕地土壤有效锌平均为2.36 mg/kg，变幅0.46～7.99 mg/kg；2020年土壤有效锌为2.16 mg/kg，变幅0.88～5.08 mg/kg。2010—2020年土壤有效锌平均减少0.20 mg/kg，年均减少0.02 mg/kg，变异系数增加0.99个百分点。10年来廊坊市耕地土壤有效锌含量呈降低趋势。

表2-26 廊坊市土壤有效锌时间变化特征

年份	平均值/ （mg/kg）	最大值/ （mg/kg）	最小值/ （mg/kg）	标准差/ （mg/kg）	变异系数/%
2010	2.36	7.99	0.46	1.49	61.79
2020	2.16	5.08	0.88	1.63	62.78

（二）不同地区土壤有效锌时间变化特征

表2-27表明，2010年有效锌平均含量大厂回族自治县最高（4.98 mg/kg），安次区最低（1.02 mg/kg），相差3.96 mg/kg；2020年香河县土壤有效锌平均含量最高（3.75 mg/kg），永清县最低（0.23mg/kg），相差3.52 mg/kg。2010—2020年香河县、安次区、霸州市土壤有效锌提升；其余地区土壤有效锌均呈下降趋势，大厂回族自治县土壤有效锌降幅最大，为2.52 mg/kg。10年来廊坊市土壤有效锌含量总体逐渐降低。

表2-27 廊坊市不同地区土壤有效锌时间变化特征

地区	2010年土壤有效锌/（mg/kg）					2020年土壤有效锌/（mg/kg）				
	平均	最大	最小	标准差	变异系数/%	平均	最大	最小	标准差	变异系数/%
三河市	2.77	9.99	0.64	1.52	54.78	1.01	1.58	0.64	0.37	36.09
大厂回族自治县	4.98	15.92	0.72	3.45	69.35	2.46	4.09	1.02	1.11	45.26
香河县	1.25	3.29	0.26	0.58	46.23	3.75	12.60	1.48	4.36	116.26
广阳区	3.49	6.70	1.71	1.11	31.91	1.27	1.92	0.24	0.73	57.85
安次区	1.02	4.32	0.09	0.73	70.96	3.43	9.54	1.18	3.24	94.55
永清县	1.29	3.98	0.05	0.96	74.30	0.23	0.38	0.13	0.11	46.75
固安县	4.19	20.01	0.36	3.78	90.15	2.79	9.67	1.06	3.39	121.60
霸州市	1.36	3.87	0.11	0.84	61.91	3.22	4.47	1.05	1.19	36.80

（续表）

地区	2010 年土壤有效锌/（mg/kg）					2020 年土壤有效锌/（mg/kg）				
	平均	最大	最小	标准差	变异系数/%	平均	最大	最小	标准差	变异系数/%
文安县	1.46	4.01	0.38	0.65	44.69	1.30	1.44	1.12	0.13	9.88
大城县	1.81	7.84	0.30	1.34	73.60	—	—	—	—	—
全市平均	2.36	7.99	0.46	1.49	61.79	2.16	5.08	0.88	1.63	62.78

（三）不同地貌类型土壤有效锌时间变化特征

图 2-12 表明，两年均以廊坊市北三县土壤有效锌平均含量最高。2010 年北三县最高（3.00 mg/kg），其次是中部地区（2.50 mg/kg），南三县最低（1.55 mg/kg）；2020 年北三县最高（2.40 mg/kg），其次是南三县（2.26 mg/kg），中部地区最低（1.93 mg/kg）。与 2010 年相比，10 年来北三县土壤有效锌平均减少 0.590 mg/kg；中部地区减少 0.57 mg/kg；南三县平均增加 0.72 mg/kg。

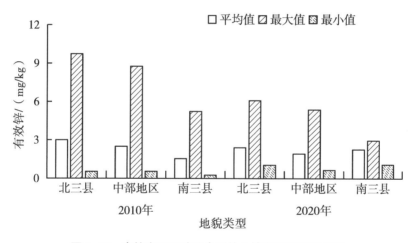

图 2-12　廊坊市不同地貌类型的土壤有效锌演变规律

五、水溶性硼

（一）土壤水溶性硼时间变化特征

表 2-28 表明，2010 年廊坊市耕地土壤水溶性硼平均为 1.06 mg/kg，变幅 0.31～2.22 mg/kg；2020 年土壤水溶性硼平均为 1.61 mg/kg，变幅 0.98～2.50 mg/kg。2010—2020 年土壤水溶性硼平均增加 0.55 mg/kg，年均增加 0.055 mg/kg，变异系数减少 2.46 个百分点。廊坊市土壤水溶性硼含量逐步增加。

表 2-28　廊坊市土壤水溶性硼时间变化特征

年份	平均值/ (mg/kg)	最大值/ (mg/kg)	最小值/ (mg/kg)	标准差/ (mg/kg)	变异系数/%
2010	1.06	2.22	0.31	0.38	35.29
2020	1.61	2.50	0.98	0.62	32.83

（二）不同地区土壤水溶性硼时间变化特征

表 2-29 表明，2010 年水溶性硼平均含量大城县最高（2.18 mg/kg），香河县最低（0.49 mg/kg），相差 1.69 mg/kg；2020 年霸州市最高（7.15 mg/kg），固安县最低（0.44 mg/kg），相差 6.71 mg/kg。2010—2020 年三河市、大厂回族自治县、香河县、永清县、霸州市、文安县土壤水溶性硼提升，霸州市升幅最大，为 5.27 mg/kg；其余地区土壤水溶性硼均呈下降趋势。廊坊市土壤水溶性硼含量总体呈增加趋势。

表 2-29　廊坊市不同地区土壤水溶性硼时间变化特征

地区	2010 年土壤水溶性硼/（mg/kg）					2020 年土壤水溶性硼/（mg/kg）				
	平均	最大	最小	标准差	变异 系数/%	平均	最大	最小	标准差	变异 系数/%
三河市	0.82	1.33	0.32	0.18	22.19	1.11	1.52	0.77	0.30	27.24
大厂回族自治县	0.59	1.09	0.34	0.12	20.61	0.98	1.43	0.81	0.23	23.65
香河县	0.49	1.13	0.03	0.24	48.91	1.13	1.71	0.85	0.35	30.75
广阳区	1.63	2.36	1.03	0.30	18.09	0.61	0.76	0.37	0.18	29.44
安次区	1.09	2.10	0.24	0.50	45.39	0.62	0.90	0.45	0.16	26.10
永清县	0.64	1.07	0.22	0.19	29.17	1.51	1.58	1.45	0.05	3.63
固安县	0.70	1.21	0.26	0.20	28.56	0.44	1.18	0.16	0.37	83.84
霸州市	1.88	4.86	0.04	1.07	56.83	7.15	12.20	3.25	3.81	53.27
文安县	0.61	1.95	0.01	0.29	48.02	0.93	1.19	0.72	0.16	17.51
大城县	2.18	5.10	0.64	0.77	35.14	—	—	—	—	—
全市平均	1.06	2.22	0.31	0.38	35.29	1.61	2.50	0.98	0.62	32.83

（三）不同地貌类型土壤水溶性硼时间变化特征

图 2-13 表明，两年均以廊坊市南三县土壤水溶性硼最高。2010 年北三县、中部地区、南三县土壤水溶性硼分别为 0.64 mg/kg、1.01 mg/kg、1.55 mg/kg；2020 年北三县、中部地区、南三县土壤水溶性硼分别为 1.07 mg/kg、0.80 mg/kg、4.04 mg/kg。与

2010 年相比，10 年来北三县土壤水溶硼平均增加 0.44mg/kg；中部地区平均减少 0.22 mg/kg；南三县平均增加 2.49 mg/kg。

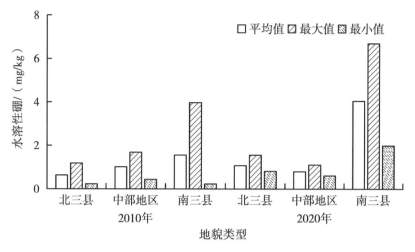

图 2-13　廊坊市不同地貌类型的土壤水溶性硼演变规律

六、有效钼

（一）土壤有效钼空间分布特征

表 2-30 表明，2020 年廊坊市土壤有效钼平均为 0.19 mg/kg，变幅 0.12 ~ 0.30 mg/kg。其中永清县最高（0.29 mg/kg），香河县、广阳区最低（0.10 mg/kg），相差 0.19 mg/kg，区域间差距较小。

表 2-30　廊坊市 2020 年不同地区土壤有效钼空间分布特征

地区	平均值/（mg/kg）	最大值/（mg/kg）	最小值/（mg/kg）	标准差/（mg/kg）	变异系数/%
三河市	0.28	0.35	0.21	0.05	17.24
大厂回族自治县	0.18	0.39	0.10	0.11	58.10
香河县	0.10	0.16	0.06	0.03	33.16
广阳区	0.10	0.15	0.07	0.03	31.75
安次区	0.16	0.23	0.11	0.05	29.40
永清县	0.29	0.65	0.13	0.20	69.81
固安县	0.24	0.31	0.18	0.05	19.39
霸州市	0.14	0.21	0.09	0.05	33.20

（续表）

地区	平均值/ （mg/kg）	最大值/ （mg/kg）	最小值/ （mg/kg）	标准差/ （mg/kg）	变异系数/%
文安县	0.18	0.25	0.11	0.05	27.65
全市平均	0.19	0.30	0.12	0.07	35.52

（二）不同地貌类型土壤有效钼空间分布特征

图 2-14 表明，2020 年中部地区土壤有效钼最高（0.20 mg/kg），变幅 0.12 ~ 0.34 mg/kg；其次是北三县（0.19 mg/kg），变幅 0.12 ~ 0.30 mg/kg；南三县最低（0.16 mg/kg），变幅 0.10 ~ 0.23 mg/kg。

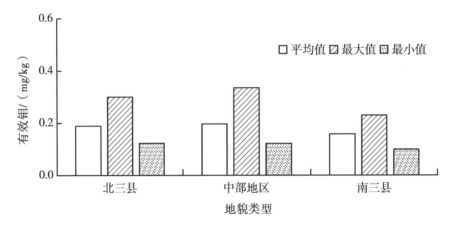

图 2-14 廊坊市 2020 年不同地貌类型的土壤有效钼空间分布特征

第三章　土壤属性分级评述

一、土壤属性分级标准

为了科学地评价耕地质量状况，科学指导施肥，提升耕地质量，2021 年河北省耕地质量监测保护中心制定了河北省地方标准《耕地地力主要指标分级诊断》（DB13/T 5406—2021）（表 3-1）。

表 3-1　耕地地力主要指标分级诊断标准

序号	指标	分级标准				
		1 级（高）	2 级（较高）	3 级（中）	4 级（较低）	5 级（低）
1	容重/（g/cm³）	(1.00, 1.25]	(1.25, 1.35] ≤1.00	(1.35, 1.45]	(1.45, 1.55]	>1.55
2	耕层厚度/cm	>20.0	(18.0, 20.0]	(15.0, 18.0]	(10.0, 15.0]	≤10.0
3	pH 值	(6.5, 7.5]	(6.0, 6.5] (7.5, 8.0]	(5.5, 6.0] (8.0, 8.5]	(5.0, 5.5] (8.5, 9.0]	≤5.0, >9.0
4	有机质/（g/kg）	>25	(20, 25]	(15, 20]	(10, 15]	≤10
5	全氮/（g/kg）	>1.50	(1.20, 1.50]	(0.90, 1.20]	(0.60, 0.90]	≤0.60
6	有效磷/（mg/kg）	>30	(25, 30]	(15, 25]	(10, 15]	≤10
7	速效钾/（mg/kg）	>130	(115, 130]	(100, 115]	(85, 100]	≤85
8	缓效钾/（mg/kg）	>1 200	(1 000, 1 200]	(800, 1 000]	(600, 800]	≤600
9	有效硫/（mg/kg）	>45	(35, 45]	(25, 35]	(15, 25]	≤15
10	有效硅/（mg/kg）	>200	(150, 200]	(100, 150]	(50, 100]	≤50
11	有效铁/（mg/kg）	>20	(10, 20]	(4.5, 10]	(2.5, 4.5]	≤2.5
12	有效锰/（mg/kg）	>30	(15, 30]	(5, 15]	(1, 5]	≤1
13	有效铜/（mg/kg）	>2.0	(1.5, 2.0]	(1.0, 1.5]	(0.5, 1.0]	≤0.5
14	有效锌/（mg/kg）	>3.0	(2.0, 3.0]	(1.0, 2.0]	(0.5, 1.0]	≤0.5
15	水溶性硼/（mg/kg）	>2.0	(1.0, 2.0]	(0.5, 1.0]	(0.25, 0.5]	≤0.25
16	有效钼/（mg/kg）	>0.30	(0.20, 0.30]	(0.15, 0.20]	(0.10, 0.15]	≤0.10

二、土壤物理性质分级论述

（一）土壤容重

1. 土壤容重级别时间变化特征

2010 年，廊坊市耕地土壤容重大多属于 2~4 级（表 3-2），容重 1 级地面积 33 336.54 hm²，占总耕地的 12.05%；容重 2 级地面积 60 988.11 hm²，占总耕地的 22.05%；容重 3 级地面积 96 611.21 hm²，占总耕地的 34.93%；容重 4 级地面积 60 902.59 hm²，占总耕地的 22.02%；容重 5 级地面积 24 759.55 hm²，占总耕地的 8.95%。2020 年，廊坊市耕地土壤容重大多属于 3 级，容重 1 级地面积 33 864.59 hm²，占总耕地的 12.24%；容重 2 级地面积 34 189.30 hm²，占总耕地的 12.36%；容重 3 级地面积 162 752.82 hm²，占总耕地的 58.84%；容重 4 级地面积 45 791.29 hm²，占总耕地的 16.56%。2010 年和 2020 年廊坊市耕地土壤容重均以 3 级地为主，2020 年土壤容重 1~3 级地占比较 2010 年增加 14.41 个百分点。

表 3-2　廊坊市土壤容重级别时间变化特征

级别	容重/（g/cm³）	2010 年		2020 年	
		耕地面积/hm²	占总耕地/%	耕地面积/hm²	占总耕地/%
1	（1.00，1.25]	33 336.54	12.05	33 864.59	12.24
2	（1.25，1.35]，≤1.00	60 988.11	22.05	34 189.30	12.36
3	（1.35，1.45]	96 611.21	34.93	162 752.82	58.84
4	（1.45，1.55]	60 902.59	22.02	45 791.29	16.56
5	＞1.55	24 759.55	8.95	—	—

2. 不同地区土壤容重级别时间变化特征（表 3-3）

（1）1 级。2010 年和 2020 年廊坊市土壤容重 1 级地均主要分布在固安县，占地面积由 2010 年的 17 651.85 hm² 增加到 2020 年的 30 454.00 hm²，增加 12 802.15 hm²。2010—2020 年 1 级耕地面积除固安县有增加外，其余地区均有所减少。

（2）2 级。2010 年土壤容重 2 级地主要分布在大城县、文安县、固安县、安次区、霸州市，大城县面积最大，为 17 196.26 hm²；2020 年土壤容重 2 级地主要分布在香河县、霸州市、安次区，香河县面积最大，为 9 992.88 hm²。2010—2020 年香河县、霸州市、广阳区、大厂回族自治县、安次区 2 级耕地面积增加，香河县增加最多，为 5 056.67 hm²；其余地区 2 级耕地面积有所减少。

（3）3 级。2010 年土壤容重 3 级地主要分布在文安县、大城县、霸州市、三河市；2020 年土壤容重 3 级地主要分布在文安县、大城县、三河市、霸州市、安次区；2010

表3-3 廊坊市不同地区土壤容重分级面积及占比

地区	项目	2010年					2020年				
		1级	2级	3级	4级	5级	1级	2级	3级	4级	5级
三河市	面积/hm²	1 094.49	3 211.77	9 189.87	2 700.36	1 057.51	—	338.14	16 915.86	—	—
	占比/%	3.28	5.27	9.51	4.43	4.27	—	0.99	10.39	—	—
大厂回族自治县	面积/hm²	976.79	1 197.22	927.81	456.97	299.21	750.58	2 306.80	800.62	—	—
	占比/%	2.93	1.96	0.96	0.75	1.21	2.22	6.75	0.49	—	—
香河县	面积/hm²	1 238.93	4 936.21	7 582.88	2 235.60	802.38	—	9 992.88	6 803.12	—	—
	占比/%	3.72	8.09	7.85	3.67	3.24	—	29.23	4.18	—	—
广阳区	面积/hm²	1 146.75	2 370.69	1 736.62	595.37	83.57	0.13	4 887.59	1 045.28	—	—
	占比/%	3.44	3.89	1.80	0.98	0.34	0.000 4	14.30	0.64	—	—
安次区	面积/hm²	2 927.61	6 979.33	6 227.33	2 255.38	2 175.35	—	7 926.33	10 597.26	2 041.41	—
	占比/%	8.78	11.44	6.45	3.70	8.79	—	23.18	6.51	4.46	—
永清县	面积/hm²	563.26	1 369.82	4 890.01	18 096.47	5 443.44	—	—	10.21	30 352.79	—
	占比/%	1.69	2.25	5.06	29.71	21.99	—	—	0.01	66.29	—
固安县	面积/hm²	17 651.85	7 899.94	2 914.41	1 756.26	231.54	30 454.00	—	—	—	—
	占比/%	52.95	12.95	3.02	2.88	0.94	89.93	—	—	—	—
霸州市	面积/hm²	3 152.50	5 853.64	12 447.23	10 220.17	3 654.46	2 659.88	8 737.56	16 383.40	7 547.16	—
	占比/%	9.46	9.60	12.88	16.78	14.76	7.85	25.56	10.07	16.48	—
文安县	面积/hm²	2 578.95	9 973.23	28 795.78	13 148.02	5 455.02	—	—	59 951.00	—	—
	占比/%	7.74	16.35	29.81	21.59	22.03	—	—	36.84	—	—
大城县	面积/hm²	2 005.41	17 196.26	21 899.27	9 437.99	5 557.07	—	—	50 246.07	5 849.93	—
	占比/%	6.02	28.20	22.67	15.50	22.44	—	—	30.87	12.78	—

年和2020年均以文安县耕地面积最大，分别为28 795.78hm²、59 951.00 hm²。2010—2020年文安县、大城县、三河市、安次区、霸州市3级耕地面积增加，文安县增加最多，为31 155.22 hm²；其余地区3级耕地面积有所减少。

（4）4级。2010年土壤容重4级地主要分布在永清县、文安县、霸州市、大城县；2020年土壤容重4级地主要分布在永清县、霸州市；2010年和2020年均以永清县耕地面积最大，分别为18 096.47 hm²、30 352.79 hm²。2010—2020年4级耕地面积除永清县有增加外，其余地区均有所减少。

（5）5级。2010年土壤容重5级地主要分布在大城县、文安县、永清县、霸州市，大城县耕地面积最大，为5 557.07 hm²；2020年廊坊市土壤容重无5级地。

（二）耕层厚度

1. 耕层厚度级别时间变化特征

2010年廊坊市耕层厚度大多属于2级（表3-4）；耕层厚度无1级地和5级地；耕层厚度2级地242 675.65 hm²，占总耕地的87.74%；耕层厚度3级地31 095.45 hm²，占总耕地的11.24%；耕层厚度4级地2 826.90 hm²，占总耕地的1.02%。2020年全市耕层厚度大多属于2级；耕层厚度1级地21 391.21 hm²，占总耕地的7.73%；耕层厚度2级地237 888.05 hm²，占总耕地的86.01%；耕层厚度3级地13 387.06 hm²，占总耕地的4.84%；耕层厚度4级地3 931.68 hm²，占总耕地的1.42%。2020年廊坊市耕层厚度级别与2010年比略有上升趋势，分级由2010年的2级地占比87.74%上升到2020年的1~2级地占比93.74%，提高6.00个百分点。

表3-4 廊坊市耕层厚度级别时间变化特征

级别	耕层厚度/cm	2010年		2020年	
		耕地面积/hm²	占总耕地/%	耕地面积/hm²	占总耕地/%
1	＞20.0	—	—	21 391.21	7.73
2	(18.0, 20.0]	242 675.65	87.74	237 888.05	86.01
3	(15.0, 18.0]	31 095.45	11.24	13 387.06	4.84
4	(10.0, 15.0]	2 826.90	1.02	3 931.68	1.42
5	≤10.0	—	—	—	—

2. 不同地区耕层厚度级别时间变化特征（表3-5）

（1）1级。2010年廊坊市耕层厚度无1级地；2020年耕层厚度1级地主要分布在固安县。2010—2020年固安县、三河市、香河县1级耕地面积分别增加19 898.85 hm²、776.43 hm²、715.93 hm²；其余地区无变化。

表3-5 廊坊市不同地区土壤耕层厚度分级面积及占比

地区	项目	2010年					2020年				
		1级	2级	3级	4级	5级	1级	2级	3级	4级	5级
三河市	面积/hm²	—	15 221.15	607.97	1 424.88	—	776.43	16 361.45	—	116.12	—
	占比/%	—	6.27	1.96	50.40	—	3.63	6.88	—	2.95	—
大厂回族自治县	面积/hm²	—	156.64	2 435.42	1 265.94	—	—	—	42.44	3 815.56	—
	占比/%	—	0.06	7.83	44.78	—	—	—	0.32	97.05	—
香河县	面积/hm²	—	6 085.02	10 574.90	136.08	—	715.93	4 374.03	11 706.04	—	—
	占比/%	—	2.51	34.01	4.81	—	3.35	1.84	87.44	—	—
广阳区	面积/hm²	—	5 933.00	—	—	—	—	5 933.00	—	—	—
	占比/%	—	2.44	—	—	—	—	2.49	—	—	—
安次区	面积/hm²	—	20 565.00	—	—	—	—	20 565.00	—	—	—
	占比/%	—	8.47	—	—	—	—	8.64	—	—	—
永清县	面积/hm²	—	30 363.00	—	—	—	—	30 363.00	—	—	—
	占比/%	—	12.51	—	—	—	—	12.76	—	—	—
固安县	面积/hm²	—	30 454.00	—	—	—	19 898.85	10 074.80	480.35	—	—
	占比/%	—	12.55	—	—	—	93.02	4.24	3.59	—	—
霸州市	面积/hm²	—	34 778.16	549.84	—	—	—	35 328.00	—	—	—
	占比/%	—	14.33	1.77	—	—	—	14.85	—	—	—
文安县	面积/hm²	—	49 429.39	10 521.61	—	—	—	58 792.77	1 158.23	—	—
	占比/%	—	20.37	33.84	—	—	—	24.71	8.65	—	—
大城县	面积/hm²	—	49 690.29	6 405.71	—	—	—	56 096.00	—	—	—
	占比/%	—	20.48	20.60	—	—	—	23.58	—	—	—

（2）2级。除2020年耕层厚度2级地在大厂回族自治县无分布外，2010年和2020年耕层厚度2级地在其余各县（市、区）均有分布；2010年和2020年耕层厚度2级地均主要分布在大城县、文安县、霸州市、固安县、永清县、安次区、三河市。2010—2020年文安县、大城县、三河市、霸州市2级耕地面积增加，文安县增加最多，为9 363.38 hm²；大厂回族自治县、香河县、固安县耕地面积减少，其余地区无变化。

（3）3级。2010年耕层厚度3级地主要分布在香河县、文安县、大城县；2020年耕层厚度3级地主要分布在香河县。2010—2020年香河县、固安县3级耕地面积增加，香河县增加最多，为1 131.14 hm²；霸州市、三河市、大厂回族自治县、大城县、文安县耕地面积减少；其余地区无变化。

（4）4级。2010年和2020年耕层厚度4级地均主要分布在三河市和大厂回族自治县。2010—2020年大厂回族自治县4级耕地面积增加；香河县、三河市耕地面积减少，三河市减少最多，为1 308.76 hm²；其余地区无变化。

（5）5级。2010年和2020年廊坊市均无耕地厚度5级地。

三、土壤 pH 值和有机质分级论述

（一）土壤 pH 值

1. 土壤 pH 值级别时间变化特征

2010年廊坊市耕地土壤 pH 值大多属于3级（表3-6），pH 值为1级地18 156.59 hm²，占总耕地的6.56%；pH 值为2级地41 395.23 hm²，占总耕地的14.97%；pH 值为3级地153 069.07 hm²，占总耕地的55.34%；pH 值为4级地58 589.53 hm²，占总耕地的21.18%；pH 值为5级地5 387.58 hm²，占总耕地的1.95%。2020年全市耕地土壤 pH 值大多属于3~4级，pH 值为1级地1 317.83 hm²，占总耕地的0.48%；pH 值为2级地24 389.04 hm²，占总耕地的8.82%；pH 值为3级地139 013.63 hm²，占总耕地的50.25%；pH 值为4级地111 877.50 hm²，占总耕地的40.45%。2020年廊坊市耕地土壤 pH 值级别与2010年相比呈下降趋势，分级由2010年的以3级地为主转变为2020年的以3~4级地为主。

表3-6　廊坊市土壤 pH 值级别时间变化特征

级别	pH 值	2010年		2020年	
		耕地面积/hm²	占总耕地/%	耕地面积/hm²	占总耕地/%
1	(6.5，7.5]	18 156.59	6.56	1 317.83	0.48
2	(6.0，6.5] (7.5，8.0]	41 395.23	14.97	24 389.04	8.82

（续表）

级别	pH 值	2010 年		2020 年	
		耕地面积/hm²	占总耕地/%	耕地面积/hm²	占总耕地/%
3	(5.5, 6.0] (8.0, 8.5]	153 069.07	55.34	139 013.63	50.25
4	(5.0, 5.5] (8.5, 9.0]	58 589.53	21.18	111 877.50	40.45
5	≤5.0, >9.0	5 387.58	1.95	—	—

2. 不同地区土壤 pH 值级别时间变化特征（表 3-7）

（1）1 级。2010 年廊坊市土壤 pH 值 1 级地主要分布在三河市、香河县、霸州市、永清县；2020 年土壤 pH 值 1 级地全部分布在三河市。2010—2020 年各地区 1 级耕地面积均有所减少，三河市减少最多，为 10 580.72 hm²。

（2）2 级。2010 年土壤 pH 值 2 级地主要分布在大城县、香河县、三河市，大城县耕地面积最大，为 16 233.94 hm²；2020 年土壤 pH 值 2 级地主要分布在三河市、大城县，三河市耕地面积最大，为 12 635.13 hm²。2010—2020 年三河市 2 级耕地面积增加 7 756.14hm²；其余地区均有所减少。

（3）3 级。2010 年土壤 pH 值 3 级地主要分布在文安县、大城县、霸州市、固安县，文安县面积最大，为 45 530.84 hm²；2020 年土壤 pH 值 3 级地主要分布在大城县、固安县、永清县、香河县，大城县面积最大，为 45 128.10 hm²。2010—2020 年永清县、大城县、固安县、香河县、大厂回族自治县 3 级耕地面积增加，其余各地区均有所减少，文安县减少最多，为 33 777.37 hm²。

（4）4 级。2010 年土壤 pH 值 4 级地主要分布在永清县、安次区、文安县，永清县面积最大，为 19 769.33 hm²；2020 年土壤 pH 值 4 级地主要分布在文安县、霸州市、安次区，文安县面积最大，为 48 197.53 hm²。2010—2020 年文安县、霸州市、广阳区、安次区、大厂回族自治县 4 级耕地面积增加，文安县增加最多，为 37 792.96 hm²；三河市面积无变化，其余地区均有所减少，永清县减少最多。

（5）5 级。2010 年土壤 pH 值 5 级地全部分布在永清县、安次区、固安县，分别为 4 975.61 hm²、260.73 hm²、151.24 hm²；2020 年廊坊市土壤 pH 值无 5 级地。

表3-7　廊坊市不同地区土壤pH值分级面积及占比

地区	项目	2010年					2020年				
		1级	2级	3级	4级	5级	1级	2级	3级	4级	5级
三河市	面积/hm²	11 898.55	4 878.99	476.46	—	—	1 317.83	12 635.13	3 301.04	—	—
	占比/%	65.53	11.79	0.31	—	—	100.00	51.81	2.37	—	—
大厂回族自治县	面积/hm²	314.02	2 707.54	836.44	—	—	—	23.02	3 829.04	5.94	—
	占比/%	1.73	6.54	0.55	—	—	—	0.09	2.75	0.01	—
香河县	面积/hm²	1 582.18	6 497.20	8 202.06	514.56	—	—	762.99	16 033.01	—	—
	占比/%	8.71	15.70	5.36	0.88	—	—	3.13	11.53	—	—
广阳区	面积/hm²	414.22	1 678.55	3 094.87	745.36	—	—	—	—	5 933.00	—
	占比/%	2.28	4.05	2.02	1.27	—	—	—	—	5.30	—
安次区	面积/hm²	24.67	1 159.66	3 715.67	15 404.27	260.73	—	—	3 249.00	17 316.00	—
	占比/%	0.14	2.80	2.43	26.29	4.84	—	—	2.34	15.48	—
永清县	面积/hm²	1 236.54	33.50	4 348.02	19 769.33	4 975.61	—	—	18 906.29	11 456.71	—
	占比/%	6.81	0.08	2.84	33.74	92.35	—	—	13.60	10.24	—
固安县	面积/hm²	311.97	3 155.45	21 993.47	4 841.87	151.24	—	—	30 454.00	—	—
	占比/%	1.72	7.62	14.37	8.26	2.81	—	—	21.91	—	—
霸州市	面积/hm²	1 394.60	1 289.67	29 520.15	3 123.58	—	—	—	6 359.68	28 968.32	—
	占比/%	7.68	3.12	19.29	5.33	—	—	—	4.57	25.89	—
文安县	面积/hm²	254.86	3 760.73	45 530.84	10 404.57	—	—	—	11 753.47	48 197.53	—
	占比/%	1.40	9.08	29.75	17.76	—	—	—	8.45	43.08	—
大城县	面积/hm²	724.98	16 233.94	35 351.09	3 785.99	—	—	10 967.90	45 128.10	—	—
	占比/%	3.99	39.22	23.09	6.46	—	—	44.97	32.46	—	—

（二）土壤有机质

1. 土壤有机质级别时间变化特征

2010 年和 2020 年廊坊市土壤有机质均大多属于 3~4 级（表 3-8）；2010 年全市土壤有机质 1 级地 871.27 hm²，占总耕地的 0.31%；有机质 2 级地 8 712.15 hm²，占总耕地的 3.15%；有机质 3 级地 109 727.87 hm²，占总耕地的 39.67%；有机质 4 级地 145 781.48 hm²，占总耕地的 52.71%；有机质 5 级地 11 505.23 hm²，占总耕地的 4.16%。2020 年全市土壤有机质 1 级地 3 970.66 hm²，占总耕地的 1.44%；有机质 2 级地 25 412.77 hm²，占总耕地的 9.19%；有机质 3 级地 132 166.41 hm²，占总耕地的 47.77%；有机质 4 级地 110 522.20 hm²，占总耕地的 39.96%；有机质 5 级地 4 525.96 hm²，占总耕地的 1.64%。2020 年廊坊市土壤有机质级别与 2010 年相比呈上升趋势，分级由 2010 年的以 4 级地为主转变为 2020 年的以 3 级地为主。

表 3-8　廊坊市土壤有机质级别时间变化特征

级别	有机质/（g/kg）	2010 年		2020 年	
		耕地面积/hm²	占总耕地/%	耕地面积/hm²	占总耕地/%
1	>25	871.27	0.31	3 970.66	1.44
2	(20, 25]	8 712.15	3.15	25 412.77	9.19
3	(15, 20]	109 727.87	39.67	132 166.41	47.77
4	(10, 15]	145 781.48	52.71	110 522.20	39.96
5	≤10	11 505.23	4.16	4 525.96	1.64

2. 不同地区土壤有机质级别时间变化特征（表 3-9）

（1）1 级。2010 年和 2020 年廊坊市土壤有机质 1 级地均只分布在安次区，2010—2020 年安次区面积减少 605.63 hm²。

（2）2 级。2010 年土壤有机质 2 级地主要分布在安次区、香河县、广阳区、三河市，安次区面积最大，为 3 593.94 hm²；2020 年土壤有机质 2 级地主要分布在文安县、三河市、香河县、霸州市、安次区，文安县面积最大，为 8 362.61 hm²。2010—2020 年文安县、三河市、霸州市、香河县、固安县、大厂回族自治县 2 级耕地面积增加，文安市增加最多，为 8 362.61 hm²；永清县、安次区、广阳区 2 级耕地面积减少，广阳区减少最多，为 1 653.49 hm²；大城县无变化。

（3）3 级。除 2020 年广阳区无分布外，2010 年和 2020 年土壤有机质 3 级地各地区均有分布；2010 年主要分布在文安县、固安县、三河市、大城县、香河县；2020 年主要分布在文安县、固安县、永清县、霸州市；2010 年和 2020 年均以文安县面积最大，

表 3-9 廊坊市不同地区土壤有机质分级面积及占比

地区	项目	2010年					2020年				
		1级	2级	3级	4级	5级	1级	2级	3级	4级	5级
三河市	面积/hm²	—	1 405.55	14 880.26	968.19	—	—	5 355.62	11 898.38	—	—
	占比/%	—	16.13	13.56	0.66	—	—	21.07	9.00	—	—
大厂回族自治县	面积/hm²	—	—	3 686.94	171.06	—	—	366.12	3 052.50	439.38	—
	占比/%	—	—	3.36	0.12	—	—	1.44	2.31	0.40	—
香河县	面积/hm²	—	2 019.17	11 948.79	2 828.04	—	—	3 968.67	10 895.86	1 931.47	—
	占比/%	—	23.18	10.89	1.94	—	—	15.62	8.24	1.75	—
广阳区	面积/hm²	—	1 653.49	3 781.32	494.88	3.31	—	—	—	5 928.52	4.48
	占比/%	—	18.98	3.45	0.34	0.03	—	—	—	5.36	0.10
安次区	面积/hm²	—	3 593.94	10 348.99	5 734.62	16.18	265.64	3 178.54	8 820.70	8 257.32	42.80
	占比/%	—	41.25	9.43	3.93	0.14	6.69	12.51	6.67	7.47	0.95
永清县	面积/hm²	871.27	40.00	656.51	18 180.75	11 485.74	—	—	13 526.12	16 836.88	—
	占比/%	100.00	0.46	0.60	12.47	99.83	—	—	10.23	15.23	—
固安县	面积/hm²	—	—	18 974.72	11 479.28	—	—	486.16	14 977.10	13 574.90	1 415.84
	占比/%	—	—	17.29	7.87	—	—	1.91	11.33	12.28	31.28
霸州市	面积/hm²	—	—	10 094.07	25 233.93	—	1 819.86	3 695.05	13 082.83	13 667.42	3 062.84
	占比/%	—	—	9.20	17.31	—	45.83	14.54	9.90	12.37	67.67
文安县	面积/hm²	—	—	21 617.54	38 333.46	—	1 885.16	8 362.61	45 647.62	4 055.61	—
	占比/%	—	—	19.70	26.30	—	47.48	32.91	34.54	3.67	—
大城县	面积/hm²	—	—	13 738.73	42 357.27	—	—	—	10 265.30	45 830.70	—
	占比/%	—	—	12.52	29.06	—	—	—	7.77	41.47	—

分别为 21 617.54 hm² 和 45 647.62 hm²。2010—2020 年文安县、永清县、霸州市 3 级耕地面积增加，其余地区均有所减少。

（4）4 级。2010 年土壤有机质 4 级地主要分布在大城县、文安县、霸州市、永清县，2020 年土壤有机质 4 级地主要分布在大城县、永清县、霸州市、固安县；2010 年和 2020 年均以大城县面积最大，分别为 42 357.27 hm² 和 45 830.70 hm²。2010—2020 年广阳区、大城县、安次区、固安县、大厂回族自治县 4 级耕地面积增加；其余地区均有所减少，文安县减少最多，为 34 277.85 hm²。

（5）5 级。2010 年土壤有机质 5 级地主要分布在永清县，面积为 11 485.74 hm²；2020 年土壤有机质 5 级地主要分布在霸州市和固安县，面积分别为 3 062.84 hm² 和 1 415.84 hm²。2010—2020 年霸州市、固安县、安次区、广阳区 5 级耕地面积增加，霸州市增加最多，为 3 062.84 hm²；永清县耕地面积减少 11 485.74 hm²；其余地区无变化。

四、土壤大量营养元素分级论述

（一）土壤全氮

1. 土壤全氮级别时间变化特征

2010 年廊坊市耕层土壤全氮大多属于 3～5 级（表 3-10），全氮 1 级地 7 144.33 hm²，占总耕地的 2.58%；全氮 2 级地 15 190.62 hm²，占总耕地的 5.49%；全氮 3 级地 70 302.43 hm²，占总耕地的 25.42%；全氮 4 级地 112 997.43 hm²，占总耕地的 40.85%；全氮 5 级地 70 963.19 hm²，占总耕地的 25.66%。2020 年全市耕层土壤全氮大多属于 3～4 级，全氮 1 级地 18 612.39 hm²，占总耕地的 6.73%；全氮 2 级地 47 964.69 hm²，占总耕地的 17.34%；全氮 3 级地 106 954.91 hm²，占总耕地的 38.67%；全氮 4 级地 83 832.71 hm²，占总耕地的 30.31%；全氮 5 级地 19 233.30 hm²，占总耕地的 6.95%。2020 年廊坊市土壤全氮与 2010 年相比呈上升趋势，分级由 2010 年的以 4 级地为主转变为 2020 年的以 3 级地为主。

表 3-10 廊坊市土壤全氮级别时间变化特征

级别	全氮/（g/kg）	2010 年		2020 年	
		耕地面积/hm²	占总耕地/%	耕地面积/hm²	占总耕地/%
1	＞1.50	7 144.33	2.58	18 612.39	6.73
2	（1.20，1.50]	15 190.62	5.49	47 964.69	17.34
3	（0.90，1.20]	70 302.43	25.42	106 954.91	38.67

级别	全氮/（g/kg）	2010 年		2020 年	
		耕地面积/hm²	占总耕地/%	耕地面积/hm²	占总耕地/%
4	（0.60，0.90]	112 997.43	40.85	83 832.71	30.31
5	≤0.60	70 963.19	25.66	19 233.30	6.95

2. 不同地区土壤全氮级别时间变化特征（表 3-11）

（1）1 级。2010 年廊坊市土壤全氮 1 级地主要分布在文安县、霸州市，2020 年土壤全氮 1 级地主要分布在文安县、霸州市、大城县；2010 年和 2020 年均以文安县耕地面积最大，分别为 3 757.54 hm² 和 5 485.08 hm²。2010—2020 年大城县、霸州市、文安县、三河市、安次区、香河县、大厂回族自治县 1 级耕地面积增加，大城县增加最多，为 3 030.71 hm²；其余地区无变化。

（2）2 级。2010 年土壤全氮 2 级地主要分布在文安县、三河市、香河县，文安县耕地面积最大，为 4 338.54 hm²；2020 年土壤全氮 2 级地主要分布在文安县、大城县、香河县；2010 年和 2020 年均以文安县耕地面积最大，分别为 4 338.54 hm² 和 15 936.33 hm²。2010—2020 年文安县、大城县、固安县、安次区、香河县、永清县、霸州市、广阳区 2 级耕地面积增加，三河市和大厂回族自治县耕地面积减少。

（3）3 级。2010 年土壤全氮 3 级地主要分布在文安县，耕地面积最大，为 29 261.21 hm²；2020 年土壤全氮 3 级地主要分布在文安县和大城县；2010 年和 2020 年均以文安县耕地面积最大，分别为 29 261.21 hm² 和 25 176.81hm²。2010—2020 年大城县、固安县、安次区、霸州市、永清县、广阳区 3 级耕地面积增加，大城县增加最多，为 20 599.39 hm²；其余地区均有所减少。

（4）4 级。2010 年土壤全氮 4 级地主要分布在大城县、文安县、固安县、霸州市、永清县；2020 年土壤全氮 4 级地主要分布在大城县、永清县、文安县、霸州市、固安县；2010 年和 2020 年均以大城县耕地面积最大，分别为 33 587.57 hm² 和 15 037.39hm²。2010—2020 年广阳区、三河市、安次区、永清县、大厂回族自治县 3 级耕地面积增加，广阳区增加最多，为 3 414.43 hm²；其余地区耕地面积均减少，大城县减少最多，为 18 550.18 hm²。

（5）5 级。2010 年土壤全氮 5 级地主要分布在大城县、安次区、霸州市，大城县耕地面积最大，为 17 307.09 hm²；2020 年土壤全氮 5 级地主要分布在霸州市、大城县、永清县，霸州市耕地面积最大，为 5 721.08 hm²。2010—2020 年三河市、大厂回族自治县 5 级耕地面积分别增加 421.94 hm² 和 169.20 hm²，其余地区均有所减少。

表3-11 廊坊市不同地区土壤全氮分级面积及占比

地区	项目	2010年					2020年				
		1级	2级	3级	4级	5级	1级	2级	3级	4级	5级
三河市	面积/hm²	692.61	4 132.28	8 858.79	2 677.61	892.71	2 085.32	3 934.97	5 387.05	4 532.01	1 314.65
	占比/%	9.69	27.20	12.60	2.37	1.26	11.20	8.20	5.04	5.41	6.84
大厂回族自治县	面积/hm²	43.09	1 124.53	2 119.22	532.24	38.92	417.59	821.21	1 368.55	1 042.53	208.12
	占比/%	0.60	7.40	3.01	0.47	0.05	2.24	1.71	1.28	1.24	1.08
香河县	面积/hm²	420.28	3 165.38	8 992.11	3 751.23	467.00	1 424.89	6 376.51	6 649.44	2 037.95	307.21
	占比/%	5.88	20.84	12.79	3.32	0.66	7.66	13.29	6.22	2.43	1.60
广阳区	面积/hm²	—	—	—	1.71	5 931.29	—	278.41	975.96	3 416.14	1 262.49
	占比/%	—	—	—	0.002	8.36	—	0.58	0.91	4.07	6.56
安次区	面积/hm²	—	—	167.34	5 909.29	14 488.37	1 060.65	3 260.64	6 873.24	7 662.42	1 708.05
	占比/%	—	—	0.24	5.23	20.42	5.70	6.80	6.43	9.14	8.88
永清县	面积/hm²	—	225.72	8 227.00	13 958.31	7 951.97	—	757.14	11 465.93	14 759.37	3 380.56
	占比/%	—	1.49	11.70	12.35	11.21	—	1.58	10.72	17.61	17.58
固安县	面积/hm²	—	—	3 159.53	17 374.79	9 919.68	—	5 284.15	12 665.04	10 795.67	1 709.14
	占比/%	—	—	4.49	15.38	13.98	—	11.02	11.84	12.88	8.89
霸州市	面积/hm²	1 402.66	1 980.28	5 367.93	16 029.06	10 548.07	4 280.00	2 486.27	11 644.20	11 196.45	5 721.08
	占比/%	19.63	13.04	7.64	14.19	14.86	23.00	5.18	10.89	13.36	29.75
文安县	面积/hm²	3 757.54	4 338.54	29 261.21	19 175.62	3 418.09	5 485.08	15 936.33	25 176.81	13 352.78	—
	占比/%	52.59	28.56	41.62	16.97	4.82	29.47	33.23	23.54	15.93	—
大城县	面积/hm²	828.15	223.89	4 149.30	33 587.57	17 307.09	3 858.86	8 829.06	24 748.69	15 037.39	3 622.00
	占比/%	11.59	1.47	5.90	29.72	24.39	20.73	18.41	23.14	17.94	18.83

（二）土壤有效磷

1. 土壤有效磷级别时间变化特征

2010 年廊坊市耕层土壤有效磷大多属于 1 级、3 级（表 3-12）；有效磷 1 级地 63 039.09 hm²，占总耕地的 22.79%；有效磷 2 级地 39 115.25 hm²，占总耕地的 14.14%；有效磷 3 级地 82 668.80 hm²，占总耕地的 29.89%；有效磷 4 级地 50 773.04 hm²，占总耕地的 18.36%；有效磷 5 级地 41 001.82 hm²，占总耕地的 14.82%。2020 年全市耕地土壤有效磷大多属于 1 级、3 级、4 级；有效磷 1 级地 71 303.59 hm²，占总耕地的 25.78%；有效磷 2 级地 16 332.57 hm²，占总耕地的 5.90%；有效磷 3 级地 79 555.53 hm²，占总耕地的 28.76%；有效磷 4 级地 73 899.31 hm²，占总耕地的 26.72%；有效磷 5 级地 35 507.00 hm²，占总耕地的 12.84%。2010 年和 2020 年廊坊市耕地土壤有效磷均以 3 级地为主。

表 3-12　廊坊市土壤有效磷级别时间变化特征

级别	有效磷/（mg/kg）	2010 年		2020 年	
		耕地面积/hm²	占总耕地/%	耕地面积/hm²	占总耕地/%
1	>30	63 039.09	22.79	71 303.59	25.78
2	(25, 30]	39 115.25	14.14	16 332.57	5.90
3	(15, 25]	82 668.80	29.89	79 555.53	28.76
4	(10, 15]	50 773.04	18.36	73 899.31	26.72
5	≤10	41 001.82	14.82	35 507.00	12.84

2. 不同地区土壤有效磷级别时间变化特征（表 3-13）

（1）1 级。2010 年廊坊市土壤有效磷 1 级地主要分布在大城县、固安县、香河县、三河市，大城县耕地面积最大，为 32 612.36 hm²；2020 年土壤有效磷 1 级地主要分布在固安县、三河市、香河县，固安县耕地面积最大，为 17 411.83 hm²。2010—2020 年三河市、香河县、固安县、永清县、安次区、大厂回族自治县、广阳区 1 级耕地面积增加，三河市增加最多，为 9 753.81 hm²；其余各地区耕地面积减少，大城县减少最多，为 23 500.38 hm²。

（2）2 级。2010 年土壤有效磷 2 级地主要分布在固安县、大城县、霸州市、香河县；2020 年土壤有效磷 2 级地主要分布在固安县、大城县、永清县；2010 年和 2020 年均以固安县耕地面积最大，分别为 7 627.95 hm² 和 7 878.68 hm²。2010—2020 年永清县、大厂回族自治县、固安县 2 级耕地面积增加，永清县增加最多，为 343.37 hm²；除文安县耕地面积无变化外，其余地区均有所减少，霸州市减少最多，为 5 715.33 hm²。

表3-13 廊坊市不同地区土壤有效磷分级面积及占比

地区	项目	2010年 1级	2级	3级	4级	5级	2020年 1级	2级	3级	4级	5级
三河市	面积/hm²	6 969.94	5 005.68	5 278.38	—	—	16 723.75	425.39	104.86	—	—
	占比/%	11.06	12.80	6.38	—	—	23.45	2.60	0.13	—	—
大厂回族自治县	面积/hm²	1 540.11	684.73	1 633.16	—	—	2 211.08	970.97	675.95	—	—
	占比/%	2.44	1.75	1.98	—	—	3.10	5.94	0.85	—	—
香河县	面积/hm²	7 868.85	5 725.42	3 201.73	—	—	16 657.55	138.45	—	—	—
	占比/%	12.48	14.64	3.87	—	—	23.36	0.85	—	—	—
广阳区	面积/hm²	1 683.12	3 864.18	385.70	—	—	2 266.19	484.51	1 689.16	1 488.99	4.15
	占比/%	2.67	9.88	0.47	—	—	3.18	2.97	2.12	2.01	0.01
安次区	面积/hm²	1.70	1 726.50	15 957.44	2 698.64	180.72	3 259.85	1 429.61	7 494.57	8 354.82	26.15
	占比/%	0.003	4.41	19.30	5.32	0.44	4.57	8.75	9.42	11.31	0.07
永清县	面积/hm²	33.50	1 853.36	16 480.11	8 654.80	3 341.23	3 661.36	2 196.73	6 597.93	7 934.45	9 972.53
	占比/%	0.05	4.74	19.94	17.05	8.15	5.13	13.45	8.29	10.74	28.09
固安县	面积/hm²	9 127.14	7 627.95	13 698.91	—	—	17 411.83	7 878.68	5 163.49	—	—
	占比/%	14.48	19.50	16.57	—	—	24.42	48.24	6.49	—	—
霸州市	面积/hm²	3 194.30	5 930.48	16 835.89	4 041.15	5 326.18	—	215.15	8 368.13	18 337.18	8 407.54
	占比/%	5.07	15.16	20.37	7.96	12.99	—	1.32	10.52	24.81	23.68
文安县	面积/hm²	8.07	—	3 009.36	27 135.45	29 798.12	—	—	39 353.62	20 597.38	—
	占比/%	0.01	—	3.64	53.44	72.68	—	—	49.47	27.87	—
大城县	面积/hm²	32 612.36	6 696.95	6 188.12	8 243.00	2 355.57	9 111.98	2 593.08	10 107.82	17 186.49	17 096.63
	占比/%	51.73	17.12	7.49	16.23	5.75	12.78	15.88	12.71	23.26	48.15

（3）3级。2010年土壤有效磷3级地主要分布在霸州市、永清县、安次区、固安县，霸州市耕地面积最大，为16 835.89 hm²；2020年土壤有效磷3级地主要分布在文安县、大城县，文安县耕地面积最大，为39 353.62 hm²。2010—2020年文安县、大城县、广阳区3级耕地面积增加，文安县增加最多，为36 344.26 hm²；其余地区耕地面积减少，永清县减少最多，为9 882.18 hm²。

（4）4级。2010年和2020年土壤有效磷4级地主要分布在文安县、永清县、大城县、霸州市，均以文安县耕地面积最大，分别为27 135.45 hm²和20 597.38 hm²。2010—2020年霸州市、大城县、安次区、广阳区4级耕地面积增加，霸州市增加最多，为14 296.03 hm²；永清县、文安县耕地面积减少，文安县减少最多，为6 538.07 hm²；其余地区无变化。

（5）5级。2010年土壤有效磷5级地主要分布在文安县、霸州市，文安县耕地面积最大，为29 798.12 hm²；2020年土壤有效磷5级地主要分布在大城县、永清县、霸州市，大城县耕地面积最大，为17 096.63 hm²。2010—2020年大城县、永清县、霸州市、广阳区5级耕地面积增加，大城县增加最多，为14 741.06 hm²；安次区、文安县耕地面积减少；其余地区无变化。

（三）土壤速效钾

1. 土壤速效钾级别时间变化特征

2010年和2020年廊坊市耕层土壤速效钾均大多属于1级（表3-14）；速效钾1级地192 771.60 hm²，占总耕地的69.69%；速效钾2级地39 587.84 hm²，占总耕地的14.31%；速效钾3级地29 058.55 hm²，占总耕地的10.51%；速效钾4级地9 551.20 hm²，占总耕地的3.45%；速效钾5级地5 628.81 hm²，占总耕地的2.04%。2020年全市耕层土壤速效钾1级地258 209.35 hm²，占总耕地的93.35%；速效钾2级地10 930.70 hm²，占总耕地的3.95%；速效钾3级地5 517.53 hm²，占总耕地的1.99%；速效钾4级地1 687.39 hm²，占总耕地的0.61%；速效钾5级地253.03 hm²，占总耕地的0.09%。2020年廊坊市耕地土壤速效钾与2010年相比呈上升趋势，2020年土壤速效钾1级地占比较2010年增加23.66个百分点。

表3-14 廊坊市土壤速效钾级别时间变化特征

级别	速效钾/（mg/kg）	2010年		2020年	
		耕地面积/hm²	占总耕地/%	耕地面积/hm²	占总耕地/%
1	>130	192 771.60	69.69	258 209.35	93.35
2	(115, 130]	39 587.84	14.31	10 930.70	3.95

（续表）

级别	速效钾/（mg/kg）	2010年		2020年	
		耕地面积/hm²	占总耕地/%	耕地面积/hm²	占总耕地/%
3	(100，115]	29 058.55	10.51	5 517.53	1.99
4	(85，100]	9 551.20	3.45	1 687.39	0.61
5	≤85	5 628.81	2.04	253.03	0.09

2. 不同地区土壤速效钾级别时间变化特征（表3-15）

（1）1级。2010年和2020年廊坊市土壤速效钾1级地在各地区均有分布；2010年土壤速效钾1级地主要分布在大城县、霸州市、文安县、固安县、安次区，大城县耕地面积最大，为45 624.35 hm²；2020年土壤速效钾1级地主要分布在文安县、大城县、霸州市、固安县、永清县、安次区，文安县耕地面积最大，为59 951.00 hm²。2010—2020年文安县、永清县、固安县、霸州市、广阳区、香河县、安次区1级耕地面积增加，文安县增加最多，为38 505.89 hm²；其余地区均有所减少，大城县减少最多，为6 170.47 hm²。

（2）2级。2010年土壤速效钾2级地主要分布在大城县、文安县、固安县；2020年土壤速效钾2级地主要分布在大城县；2010年和2020年均以大城县耕地面积最大，分别为8 048.40 hm²和9 368.73 hm²。2010—2020年廊坊市大城县和大厂回族自治县2级耕地面积增加，分别增加1 320.33 hm²和802.11 hm²；其余地区耕地面积均减少，文安县减少最多，为7 759.21 hm²。

（3）3级。2010年土壤速效钾3级地主要分布在文安县，耕地面积为17 386.57 hm²；2020年土壤速效钾3级地全部分布在大城县和三河市，面积分别为5 332.97 hm²和184.56 hm²。2010—2020年大城县、三河市3级耕地面积增加，大城县增加最多，为4 197.53 hm²；除大厂回族自治县、香河县耕地面积无变化，其余地区均有所减少。

（4）4级。2010年土壤速效钾4级地主要分布在文安县，耕地面积为8 132.90 hm²；2020年土壤速效钾4级地全部分布在大城县，耕地面积为1 687.39 hm²。2010—2020年大城县4级耕地面积增加801.18 hm²；广阳区、永清县、文安县耕地面积减少，文安县减少最多；其余地区均无变化。

（5）5级。2010年土壤速效钾5级地全部分布在文安县和大城县，面积分别为5 227.21 hm²和401.60 hm²；2020年土壤速效钾5级地全部分布在大城县，面积为253.03 hm²。2010—2020年大城县、文安县5级耕地面积减少；其余地区无变化。

表3-15　廊坊市不同地区土壤速效钾分级面积及占比

地区	项目	2010年					2020年				
		1级	2级	3级	4级	5级	1级	2级	3级	4级	5级
三河市	面积/hm²	16 923.50	330.50	—	—	—	16 799.17	270.27	184.56	—	—
	占比/%	8.78	0.83	—	—	—	6.51	2.47	3.34	—	—
大厂回族自治县	面积/hm²	3 730.69	127.31	—	—	—	2 928.58	929.42	—	—	—
	占比/%	1.94	0.32	—	—	—	1.13	8.50	—	—	—
香河县	面积/hm²	14 714.22	2 081.78	—	—	—	16 519.63	276.37	—	—	—
	占比/%	7.63	5.26	—	—	—	6.40	2.53	—	—	—
广阳区	面积/hm²	1 339.12	3 659.00	912.46	22.42	—	5 847.09	85.91	—	—	—
	占比/%	0.69	9.24	3.14	0.23	—	2.26	0.79	—	—	—
安次区	面积/hm²	20 274.02	290.12	0.86	—	—	20 565.00	—	—	—	—
	占比/%	10.52	0.73	0.003	—	—	7.96	—	—	—	—
永清县	面积/hm²	17 995.82	5 987.38	5 870.13	509.67	—	30 363.00	—	—	—	—
	占比/%	9.34	15.12	20.20	5.34	—	11.76	—	—	—	—
固安县	面积/hm²	21 203.90	7 199.87	2 050.23	—	—	30 454.00	—	—	—	—
	占比/%	11.00	18.19	7.06	—	—	11.79	—	—	—	—
霸州市	面积/hm²	29 520.87	4 104.27	1 702.86	—	—	35 328.00	—	—	—	—
	占比/%	15.31	10.37	5.86	—	—	13.68	—	—	—	—
文安县	面积/hm²	21 445.11	7 759.21	17 386.57	8 132.90	5 227.21	59 951.00	—	—	—	—
	占比/%	11.12	19.60	59.83	85.15	92.87	23.22	—	—	—	—
大城县	面积/hm²	45 624.35	8 048.40	1 135.44	886.21	401.60	39 453.88	9 368.73	5 332.97	1 687.39	253.03
	占比/%	23.67	20.33	3.91	9.28	7.13	15.28	85.71	96.66	100.00	100.00

五、土壤中微量营养元素分级论述

（一）土壤中微量元素级别时间变化特征

表3-16表明，2020年廊坊市土壤有效硅处于1级水平，土壤有效铁、有效铜、有效锌、水溶性硼处于2级水平，土壤有效锰、有效钼处于3级水平，土壤有效硫处于4级水平。与2010年相比，2020年的土壤有效铁、有效锌、水溶性硼分别增加4.3 mg/kg、0.08 mg/kg、0.33 mg/kg，土壤有效锰、有效铜分别减少6.1 mg/kg、0.35 mg/kg。2020年较2010年有效锌提高1个级别，有效铁、水溶性硼无变化，有效锰、有效铜降低1个级别。

表3-16 土壤中微量元素等级变化

指标	有效硫	有效硅	有效铁	有效锰	有效铜	有效锌	水溶性硼	有效钼
2010年平均值/（mg/kg）	—	—	14.0	15.4	2.06	2.0	1.20	
2010年等级	—	—	2	2	1	3	2	
2020年平均值/（mg/kg）	21.5	214	18.3	9.3	1.71	2.08	1.53	0.18
2020年等级	4	1	2	3	2	2	2	3
2020年较2010年增加/（mg/kg）	—	—	4.3	−6.1	−0.35	0.08	0.33	—
2020年较2010年提高等级	—	—	0	−1	−1	1	0	—

（二）土壤中微量元素级别变化特征

表3-17表明，2010年廊坊市土壤有效铁1~5级分别占比16.84%、31.05%、39.28%、4.78%、8.06%，面积分别为46 570.85 hm²、85 874.19 hm²、108 646.16 hm²、13 218.73 hm²、22 288.07 hm²，以3级为主；土壤有效锰1~5级分别占比7.23%、26.70%、55.39%、10.12%、0.56%，面积分别为20 000.69 hm²、73 847.82 hm²、153 202.33 hm²、28 002.98 hm²、1 544.18 hm²，以3级为主；土壤有效铜1~5级分别占比37.44%、23.79%、21.02%、12.14%、5.61%，面积分别为103 557.90 hm²、65 813.97 hm²、58 127.68 hm²、33 573.37 hm²、15 525.08 hm²，以1级为主；土壤有效锌1~5级分别占比15.89%、16.14%、41.01%、20.61%、6.35%，面积分别为43 941.53 hm²、44 647.49 hm²、113 436.87 hm²、57 000.84 hm²、17 571.27 hm²，以3级为主；土壤水溶性硼1~5级分别占比16.53%、21.57%、44.75%、14.52%、2.64%，面积分别为45 722.80 hm²、59 655.76 hm²、123 770.76 hm²、40 155.65hm²、7 293.03 hm²，以3级为主。

表3-17 廊坊市土壤中微量养分样点所占比例

指标	2010年					2020年				
	1级	2级	3级	4级	5级	1级	2级	3级	4级	5级
有效硫/(mg/kg)	>45	(35,45]	(25,35]	(15,25]	≤15	>45	(35,45]	(25,35]	(15,25]	≤15
样点占比/%	—	—	—	—	—	3.51	30.77	22.89	1.26	41.56
耕地面积/hm²	—	—	—	—	—	9 709.71	85 115.42	63 309.55	3 498.21	114 965.11
有效硅/(mg/kg)	>200	(150,200]	(100,150]	(50,100]	≤50	>200	(150,200]	(100,150]	(50,100]	≤50
样点占比/%	—	—	—	—	—	39.43	40.71	19.87	—	—
耕地面积/hm²	—	—	—	—	—	109 055.53	112 589.28	54 953.19	—	—
有效铁/(mg/kg)	>20	(10,20]	(4.5,10]	(2.5,4.5]	≤2.5	>20	(10,20]	(4.5,10]	(2.5,4.5]	≤2.5
样点占比/%	16.84	31.05	39.28	4.78	8.06	33.13	52.79	14.08	—	—
耕地面积/hm²	46 570.85	85 874.19	108 646.16	13 218.73	22 288.07	91 634.70	146 024.00	38 939.30	—	—
有效锰/(mg/kg)	>30	(15,30)	(5,15)	(1,5)	≤1	>30	(15,30)	(5,15)	(1,5)	≤1
样点占比/%	7.23	26.70	55.39	10.12	0.56	1.04	5.51	75.70	17.75	—
耕地面积/hm²	20 000.69	73 847.82	153 202.33	28 002.98	1 544.18	2 870.32	15 251.94	209 385.29	49 090.45	—
有效铜/(mg/kg)	>2.0	(1.5,2.0)	(1.0,1.5)	(0.5,1.0)	≤0.5	>2.0	(1.5,2.0)	(1.0,1.5)	(0.5,1.0)	≤0.5
样点占比/%	37.44	23.79	21.02	12.14	5.61	29.88	23.41	35.82	10.88	—
耕地面积/hm²	103 557.90	65 813.97	58 127.68	33 573.37	15 525.08	82 656.76	64 757.18	99 090.28	30 093.78	—
有效锌/(mg/kg)	>3.0	(2.0,3.0)	(1.0,2.0)	(0.5,1.0)	≤0.5	>3.0	(2.0,3.0)	(1.0,2.0)	(0.5,1.0)	≤0.5
样点占比/%	15.89	16.14	41.01	20.61	6.35	14.14	11.33	59.21	3.15	12.17
耕地面积/hm²	43 941.53	44 647.49	113 436.87	57 000.84	17 571.27	39 109.25	31 329.36	163 775.16	8 723.33	33 660.90

（续表）

指标	2010年					2020年				
	1级	2级	3级	4级	5级	1级	2级	3级	4级	5级
水溶性硼/(mg/kg)	>2.0	(1.0,2.0]	(0.5,1.0]	(0.25,0.5]	≤0.25	>2.0	(1.0,2.0]	(0.5,1.0]	(0.25,0.5]	≤0.25
样点占比/%	16.53	21.57	44.75	14.52	2.64	13.45	27.27	46.85	9.86	2.57
耕地面积/hm²	45 722.80	59 655.76	123 770.76	40 155.65	7 293.03	37 199.24	75 427.85	129 580.51	27 283.19	7 107.21
有效钼/(mg/kg)	>0.30	(0.20,0.30]	(0.15,0.20]	(0.10,0.15]	≤0.10	>0.30	(0.20,0.30]	(0.15,0.20]	(0.10,0.15]	≤0.10
样点占比/%	—	—	—	—	—	9.25	20.69	25.57	36.21	8.29
耕地面积/hm²	—	—	—	—	—	25 580.02	57 238.57	70 716.70	100 143.85	22 918.86

2020 年土壤有效硫 1~5 级分别占比 3.51%、30.77%、22.89%、1.26%、41.56%，面积分别为9 709.71 hm²、85 115.42 hm²、63 309.55 hm²、3 498.21 hm²、114 965.11 hm²，以 2 级和 5 级为主；土壤有效硅 1~3 级分别占比 39.43%、40.71%、19.87%，面积分别为 109 055.53 hm²、112 589.28 hm²、54 953.19 hm²，以 1~2 级为主，无 4~5 级；土壤有效铁 1~3 级分别占比 33.13%、52.79%、14.08%，面积分别为 91 634.70 hm²、146 024.00 hm²、38 939.30 hm²，以 2 级为主，无 4~5 级；土壤有效锰 1~4 级分别占比 1.04%、5.51%、75.70%、17.75%，面积分别为 2 870.32 hm²、15 251.94 hm²、209 385.29 hm²、49 090.45 hm²，以 3 级为主，无 5 级；土壤有效铜 1~4 级分别占比 29.88%、23.41%、35.82%、10.88%，面积分别为 82 656.76 hm²、64 757.18 hm²、99 090.28 hm²、30 093.78 hm²，以 3 级为主，无 5 级；土壤有效锌 1~5 级分别占比 14.14%、11.33%、59.21%、3.15%、12.17%，面积分别为 39 109.25 hm²、31 329.36 hm²、163 775.16 hm²、8 723.33 hm²、33 660.90 hm²，以3 级为主；土壤水溶性硼 1~5 级分别占比 13.45%、27.27%、46.85%、9.86%、2.57%，面积分别为 37 199.24 hm²、75 427.85 hm²、129 580.51 hm²、27 283.19 hm²、7 107.21 hm²，以 3 级为主；土壤有效钼 1~5 级分别占比 9.25%、20.69%、25.57%、36.21%、8.29%，面积分别为25 580.02 hm²、57 238.57 hm²、70 716.70 hm²、100 143.85 hm²、22 918.86 hm²，以 4 级为主。

第四章 耕地质量综合等级时空演变

第一节 耕地质量评价的工作原理与方法

一、耕地质量评价原理

耕地质量评价的一种表达方法是参数法，用耕地自然要素评价的指数来表示，其关系式为：$IFI = b_1 x_1 + b_2 x_2 + \cdots + b_n x_n$。其中，$IFI$ 为耕地质量指数；x_n 为耕地自然属性参评因素；b_n 为属性对耕地质量的贡献率。根据 IFI 的大小及其组成，不仅可以了解耕地质量的高低，还可以直观揭示影响耕地质量的障碍因素及影响程度。

（一）耕地质量评价原则

1. 综合因素研究与主导因素分析相结合原则

综合因素研究是指对地形地貌、土壤理化性状、相关社会经济因素等进行全面的分析、研究与评价，以全面了解耕地质量状况。主导因素是指对耕地质量起决定作用的、相对稳定的因子，在评价中要着重对其进行分析。把综合因素与主导因素结合起来考虑可以对耕地质量作出科学而准确的评价。

2. 专题研究与共性评价相结合原则

耕地利用存在农田等多种类型，土壤理化性状、环境条件、管理水平等不均一，耕地质量水平也会存在差异。本次评价主要是针对粮田耕地质量进行，使整个评价和研究更具有针对性和实际应用价值。

3. 定性和定量相结合原则

土地系统是一个复杂的灰色系统，定量和定性要素共存，相互作用，相互影响。定量与定性相结合，选取的评价因素在时间序列上具有相对的稳定性，如土壤立地条件、有机质含量等，保证了评价结果的准确性和合理性，可使评价结果有效期延长。

4. 采用 GIS 支持的自动化评价方法原则

耕地质量评价工作是通过数据库建立、评价模型及其与 GIS 空间叠加等分析模型的结合，实现了全数字化、自动化的评价流程，在一定程度上代表了当前土地评价的最新技术方法。

（二）耕地质量评价方法

1. 耕地质量评价指标

按照国家标准《耕地质量等级》（GB/T 33469—2016），河北省耕地质量划分为3个一级农业区，5个二级农业区，廊坊市三河市、大厂回族自治县和香河县属于黄淮海农业区中的燕山太行山山麓平原农业区，广阳区、安次区、固安县、永清县、霸州市、文安县、大城县属于冀鲁豫低洼平原农业区，黄淮海农业区选择耕层质地、盐渍化程度、酸碱度、土壤容重、灌溉能力、排水能力、有机质、有效磷、速效钾、质地构型、有效土层厚、耕层厚度、地下水埋深、障碍因素、地形部位、农田林网化、生物多样性、清洁程度18个评价指标。

2. 确定评价单元

在确定评价单元时，利用土壤图、行政区划图和土地利用现状图三者叠加产生的图斑作为耕地质量评价的基本单元。点分布图先插值生成栅格图，再与评价单元图叠加，采用加权统计方法给评价单元赋值或者采用以点代面的方法。矢量图直接与评价单元图叠加，给评价单元赋值。如土壤质地等较稳定的土壤理化性状，每一个评价单元范围内的同一个土种的平均值直接为评价单元赋值。等值线图先采用地面模型插值生成栅格图，再和评价单元图叠加后采用分区统计方法给评价单元赋值。

3. 计算单因素评价评语——模糊评价法

（1）基本原理。模糊子集、隶属函数与隶属度是模糊数学的三个重要概念。一个模糊性概念就是一个模糊子集，模糊子集 A 的取值为 0~1 的任一数值（包括两端的 0 与 1）。隶属度是元素 x 符合这个模糊性概念的程度。完全符合时隶属度为 1，完全不符合时隶属度为 0，部分符合即取 0 与 1 之间的一个中间值。隶属函数 $\mu A（x）$ 是表示元素 x_i 与隶属度 μ_i 之间的解析函数。根据隶属函数，对于每个 x_i 都可以算出其对应的隶属度 μ_i。

（2）建立隶属函数的方法——最小二乘法。根据模糊数学的理论，将选定的评价指标与耕地生产能力的关系分为戒上型函数、戒下型函数、峰型函数、直线型函数以及概念型函数 5 种类型的隶属函数。对于前 4 种类型，用特尔菲法对 1 组实测值评估出相应的 1 组隶属度，并根据这 2 组数据拟合隶属函数，也可以根据唯一差异性原则，用田间试验的方法获得测试值与耕地生产能力的 1 组数据，用这组数据直接拟合隶属函数。

①戒上型函数模型（有效土层厚、有机质含量、有效磷、速效钾等）。

$$y_i = \begin{cases} 0 & u_i \leqslant u_t \\ 1/\left[1+a_i\left(u_i-c_i\right)^2\right] & u_t < u_i < c_i, \quad (i=1, 2,\ldots, m) \\ 1 & c_i \leqslant u_i \end{cases}$$

式中，y_i 为第 i 个因素评语；u_i 为样品观测；c_i 为标准指标；a_i 为系数；u_t 为指标下限值。

②戒下型函数模型。

$$y_i = \begin{cases} 0 & u_i \geq u_t \\ 1/\left[1+a_i\left(u_i-c_i\right)^2\right] & c_i < u_i < u_t, \quad (i=1,2,\cdots,m) \\ 1 & u_i \leq c_i \end{cases}$$

式中，u_t 为指标上限值。

③峰型函数模型（pH 值）。

$$y_i = \begin{cases} 0 & u_i > u_{t1} \text{ 或 } u_i < u_{t2} \\ 1/\left[1+a_i\left(u_i-c_i\right)^2\right] & u_{t1} < u_i < u_{t2} \\ 1 & u_i = c_i \quad (i=1,2,\cdots,m) \end{cases}$$

式中，u_{t1}、u_{t2} 分别为指标上、下限值。

④概念型指标。主要有土壤质地、质地构型、地貌类型、灌溉能力、地形部位、盐渍化程度、排水能力、地下水埋深、障碍因素、农田林网化、生物多样性、清洁程度等，其性状是定性的、综合性的，这类要素的评价采用特尔菲法直接给出隶属度。

二、构建耕地质量评价指标体系

（一）指标权重

三河市、大厂回族自治县、香河县属于黄淮海农业区（一级农业区）中的燕山太行山山麓平原农业区（二级农业区），广阳区、安次区、永清县、固安县、霸州市、文安县、大城县属于黄淮海农业区中的冀鲁豫低洼平原农业区（二级农业区），廊坊市的耕地质量评价指标权重见表 4-1。

表 4-1　廊坊市耕地质量评价指标权重

燕山太行山山麓平原农业区		冀鲁豫低洼平原农业区	
指标名称	指标权重	指标名称	指标权重
灌溉能力	0.172 0	灌溉能力	0.155 0
耕层质地	0.128 0	耕层质地	0.130 0
地形部位	0.120 0	质地构型	0.111 0
有效土层厚	0.105 0	有机质	0.104 0
质地构型	0.081 0	地形部位	0.077 0
有机质	0.080 0	盐渍化程度	0.076 0

（续表）

燕山太行山山麓平原农业区		冀鲁豫低洼平原农业区	
指标名称	指标权重	指标名称	指标权重
有效磷	0.056 0	排水能力	0.057 0
速效钾	0.048 0	有效磷	0.056 0
排水能力	0.040 0	速效钾	0.048 0
pH 值	0.030 0	pH 值	0.036 0
土壤容重	0.030 0	有效土层厚	0.030 0
盐渍化程度	0.020 0	土壤容重	0.030 0
地下水埋深	0.020 0	地下水埋深	0.020 0
障碍因素	0.020 0	障碍因素	0.020 0
耕层厚度	0.020 0	耕层厚度	0.020 0
农田林网化	0.010 0	农田林网化	0.010 0
生物多样性	0.010 0	生物多样性	0.010 0
清洁程度	0.010 0	清洁程度	0.010 0

（二）指标隶属函数

黄淮海平原农业区耕地生产能力评价指标的概念性和数值型指标的隶属度和隶属函数如表4-2和表4-3所示。

表4-2　廊坊市耕地评价指标隶属度

评价指标	评价指标内容及其对应的隶属度						
地形部位	低海拔冲积平原	低海拔湖积冲积平原	低海拔冲积洪积平原	低海拔冲积洪积扇平原	低海拔冲积洼地	低海拔冲积洪积洼地	低海拔海积冲积平原
隶属度	1	1	1	1	0.9	0.9	0.8
有效土层厚/cm	≥100	[60, 100)	[30, 60)	<30			
隶属度	1	0.8	0.6	0.4			
耕层质地	中壤	轻壤	重壤	黏土	砂壤	砾质壤土	砂土	砾质砂土	壤质砾石土	砂质砾石土
隶属度	1	0.94	0.92	0.88	0.8	0.55	0.5	0.45	0.45	0.4
土壤容重	适中	偏轻	偏重				
隶属度	1	0.8	0.8				

（续表）

评价指标	评价指标内容及其对应的隶属度										
质地构型	夹黏型	上松下紧型	通体壤	紧实型	夹层型	海绵型	上紧下松型	松散型	通体砂	薄层型	裸露岩石
隶属度	0.95	0.93	0.9	0.85	0.8	0.75	0.75	0.65	0.6	0.4	0.2
生物多样性	丰富	一般	不丰富								
隶属度	1	0.8	0.6								
清洁程度	清洁	尚清洁									
隶属度	1	0.8									
障碍因素	无	夹砂层	砂姜层	砾质层							
隶属度	1	0.8	0.7	0.5							
灌溉能力	充分满足	满足	基本满足	不满足							
隶属度	1	0.85	0.7	0.5							
排水能力	充分满足	满足	基本满足	不满足							
隶属度	1	0.85	0.7	0.5							
农田林网化	高	中	低								
隶属度	1	0.8	0.6								
pH 值	≥8.5	[8, 8.5)	[7.5, 8)	[6.5, 7.5)	[6, 6.5)	[5.5, 6)	[4.5, 5.5)	<4.5			
隶属度	0.5	0.8	0.9	1	0.9	0.85	0.75	0.5			
耕层厚度/cm	≥20	[15,20)	<15								
隶属度	1	0.8	0.6								
盐渍化程度	无	轻度	中度	重度							
隶属度	1	0.8	0.6	0.35							
地下水埋深/m	≥3	[2,3)	<2								
隶属度	1	0.8	0.6								

表4-3 廊坊市数值型指标隶属函数

指标	函数	公式	a 值	c 值	u 下限	u 上限	备注
有机质	戒上型	$y=1/[1+a(u-c)^2]$	0.005 431	18.219 012	0	18.2	
速效钾	戒上型	$y=1/[1+a(u-c)^2]$	0.000 01	277.304 96	0	277	

（续表）

指标	函数	公式	a 值	c 值	u 下限	u 上限	备注
有效磷	戒上型	$y=1/[1+a(u-c)^2]$	0.000 102	79.043 468	0	79.0	有效磷<110 mg/kg
有效磷	戒下型	$y=1/[1+a(u-c)^2]$	0.000 007	148.611 679	148.6	500.0	有效磷≥110 mg/kg

注：y 为隶属度；a 为系数；u 为实测值；c 为标准指标。当函数类型为戒上型，$u \leqslant$ 下限值时，y 为 0；$u \geqslant$ 上限值时，y 为 1；当函数类型为峰型，$u \leqslant$ 下限值或 $u \geqslant$ 上限值时，y 为 0。

（三）等级划分指数

根据综合评价指数分布等距法，将廊坊市耕地质量分为 10 级（表 4-4）。

表 4-4 耕地质量等级综合评价指数范围

耕地质量等级	综合指数范围	耕地质量等级	综合指数范围
1 级	≥0.964 0	6 级	[0.809 0, 0.840 0)
2 级	[0.933 0, 0.964 0)	7 级	[0.778 0, 0.809 0)
3 级	[0.902 0, 0.933 0)	8 级	[0.747 0, 0.778 0)
4 级	[0.871 0, 0.902 0)	9 级	[0.716 0, 0.747 0)
5 级	[0.840 0, 0.871 0)	10 级	<0.716 0

第二节　耕地质量综合等级时间演变特征

为使 2010 年和 2020 年廊坊市的耕地质量等级评价结果具有可比性，2010 年和 2020 年的耕地面积均采用 2022 年廊坊市各地区耕地面积进行平差所得。

一、耕地质量综合等级时间变化特征

表 4-5 表明，2010 年廊坊市耕地质量综合等级面积 2~9 级分别为 621.23 hm²、8 574.46 hm²、46 320.41 hm²、90 656.95 hm²、68 314.69 hm²、48 710.83 hm²、10 129.77 hm²、3 269.66 hm²。2020 年 1~4 级地分别增加 797.89 hm²、5 355.12 hm²、33 308.35 hm²、35 042.73 hm²，分别占总耕地的 0.29%、1.94%、12.04%、12.67%；5~9 级地分别减少 15 082.62 hm²、20 205.32 hm²、27 144.97 hm²、8 988.70 hm²、3 082.48 hm²，分别占总耕地的 5.45%、7.30%、9.81%、3.25%、1.11%；2010 年耕地平均等级为 5.52，2020 年耕地平均等级为 4.67，耕地等级提升 0.85。

表 4-5　廊坊市耕地质量综合等级统计

等级	2010 年		2020 年		增减	
	耕地面积/hm²	占总耕地/%	耕地面积/hm²	占总耕地/%	耕地面积/hm²	占总耕地/%
1	—	—	797.89	0.29	797.89	0.29
2	621.23	0.22	5 976.35	2.16	5 355.12	1.94
3	8 574.46	3.10	41 882.81	15.14	33 308.35	12.04
4	46 320.41	16.75	81 363.14	29.42	35 042.73	12.67
5	90 656.95	32.78	75 574.33	27.32	−15 082.62	−5.45
6	68 314.69	24.70	48 109.37	17.39	−20 205.32	−7.30
7	48 710.83	17.61	21 565.86	7.80	−27 144.97	−9.81
8	10 129.77	3.66	1 141.07	0.41	−8 988.70	−3.25
9	3 269.66	1.18	187.18	0.07	−3 082.48	−1.11
合计	276 598.00	100.0	276 598.00	100.0	0.00	0.00
平均等级	5.52		4.67		0.85	

二、耕地质量综合等级空间变化特征

廊坊市北部地区（包括三河市、大厂回族自治县、香河县），地势较高，北高南低，地貌类型较多，三河市东北隅有小面积低山丘陵；在山地丘陵西部和南部，沿燕山南麓，呈东西带状分布着山麓平原；再往南沿香河县中部和南部为冲积平原区。廊坊市的中、南部地区（包括廊坊市广阳区、安次区、永清县、固安县、霸县市、文安县、大城县），全部为冲积平原区，地貌类型平缓单一。2010—2020 年，廊坊市的地形部位不易发生改变，因此在 2010 年和 2020 年的耕地质量分级结果中不再详细描述。

（一）1 级地耕地质量特征

2010 年廊坊市没有 1 级地；2020 年 1 级地面积 797.89 hm²，占耕地总面积的 0.29%，全部分布在大厂回族自治县。2020 年廊坊市 1 级地灌溉和排水能力均为"充分满足"、耕层质地为中壤和轻壤、有效土层厚均"≥100 cm"、质地构型为"上松下紧型"和"紧实型"、盐渍化程度和障碍因素均为"无"、地下水埋深均"≥3 m"、耕层厚度均属于"[15, 20) cm"、农田林网化均为"高"、生物多样性均为"丰富"、清洁程度均为"清洁"状态；2020 年土壤 pH 值、有机质、有效磷、速效钾、土壤容重分别为 8.2、19.5 g/kg、51.5 mg/kg、193 mg/kg、1.30 g/cm³。

（二）2 级地耕地质量特征

1. 空间分布

表 4-6 表明，2010 年廊坊市 2 级地 621.23 hm²，占总耕地的 0.22%；2020 年 2 级地 5 976.35 hm²，占总耕地的 2.16%，2 级地面积增加。2010—2020 年，文安县、三河市、大厂回族自治县、香河县、固安县、广阳区 2 级地面积增加，其中文安县增加最多，为 2 169.92 hm²，其次为三河市，增加 1 155.06 hm²。

表 4-6 2 级地面积与分布

地区	2010 年		2020 年	
	面积/hm²	占 2 级地面积/%	面积/hm²	占 2 级地面积/%
三河市	134.96	21.72	1 290.02	21.59
大厂回族自治县	486.27	78.28	1 525.19	25.52
香河县	—	—	863.45	14.45
广阳区	—	—	50.97	0.85
固安县	—	—	76.80	1.29
文安县	—	—	2 169.92	36.31
合计	621.23	100.0	5 976.35	100.0

2. 属性特征

（1）灌溉能力。廊坊市 2 级地灌溉能力处于"充分满足"和"满足"状态。用行政区划图与耕地质量等级图叠加联合形成行政区划耕地质量等级综合图，对栅格数据区域统计，2020 年处于"充分满足"和"满足"状态耕地面积较 2010 年分别增加 3 141.98 hm² 和 2 213.14 hm²（表 4-7）。

表 4-7 灌溉能力 2 级地分布

单位：hm²

地区	充分满足		满足	
	2010 年	2020 年	2010 年	2020 年
三河市	134.96	—	—	1 290.02
大厂回族自治县	407.58	1 463.63	78.69	61.56
香河县	—	—	—	863.45
广阳区	—	50.97	—	—
固安县	—	—	—	76.80

（续表）

地区	充分满足		满足	
	2010 年	2020 年	2010 年	2020 年
文文安县	—	2 169.92	—	—
合计	542.54	3 684.52	78.69	2 291.83

（2）耕层质地。廊坊市 2 级地质地为中壤、轻壤、黏土、砂壤。用行政区划图与耕地质量等级图叠加联合形成行政区划耕地质量等级综合图，对栅格数据区域统计，2020 年中壤耕地面积较 2010 年增加 4 602.75 hm²，轻壤增加 698.06 hm²，黏土增加 49.83 hm²，砂壤增加 4.48 hm²（表 4-8）。

表 4-8　耕层质地 2 级地分布　　　　　　　单位：hm²

地区	中壤		轻壤		黏土		砂壤	
	2010 年	2020 年	2010 年	2020 年	2010 年	2020 年	2010 年	2020 年
三河市	124.98	1 144.36	9.98	145.66	—	—	—	—
大厂回族自治县	255.25	723.64	231.02	747.24	—	49.83	—	4.48
香河县	—	863.45	—	—	—	—	—	—
广阳区	—	18.10	—	32.87	—	—	—	—
固安县	—	76.80	—	—	—	—	—	—
文安县	—	2 156.63	—	13.29	—	—	—	—
合计	380.23	4 982.98	241.00	939.06	—	49.83	—	4.48

（3）有效土层厚。廊坊市 2 级地有效土层厚处于"≥100 cm"和"[60，100) cm"状态。用行政区划图与耕地质量等级图叠加联合形成行政区划耕地质量等级综合图，对栅格数据区域统计，2020 年处于"≥100 cm"状态耕地面积较 2010 年增加 5 353.21 hm²，处于"[60，100) cm"状态耕地面积增加 1.91 hm²（表 4-9）。

表 4-9　有效土层厚 2 级地分布　　　　　　　单位：hm²

地区	≥100 cm		[60，100) cm	
	2010 年	2020 年	2010 年	2020 年
三河市	134.96	1 290.02	—	—
大厂回族自治县	486.27	1 525.19	—	—

（续表）

地区	≥100 cm		[60，100）cm	
	2010 年	2020 年	2010 年	2020 年
香河县	—	863.45	—	—
广阳区	—	50.97	—	—
固安县	—	74.89	—	1.91
文安县	—	2 169.92	—	—
合计	621.23	5 974.44	—	1.91

（4）质地构型。廊坊市 2 级地质地构型处于"上松下紧型""通体壤""紧实型""海绵型""上紧下松型"和"松散型"状态。用行政区划图与耕地质量等级图叠加联合形成行政区划耕地质量等级综合图，对栅格数据区域统计，2020 年"上松下紧型""通体壤""紧实型""海绵型""上紧下松型"和"松散型"状态耕地面积较 2010 年分别增加 1 730.33 hm²、863.45 hm²、2 478.51 hm²、10.32 hm²、201.48 hm² 和 71.03 hm²（表 4-10）。

表 4-10　质地构型 2 级地分布　　　　　　　　　　　　单位：hm²

地区	上松下紧型		通体壤		紧实型		海绵型		上紧下松型		松散型	
	2010 年	2020 年	2010 年	2020 年	2010 年	2020 年	2010 年	2020 年	2010 年	2020 年	2010 年	2020 年
三河市	—	405.86	—	—	134.96	873.84	—	10.32	—	—	—	—
大厂回族自治县	78.69	86.64	—	—	318.62	1 077.08	—	—	44.52	246.00	44.44	115.47
香河县	—	—	—	863.45	—	—	—	—	—	—	—	—
广阳区	—	50.97	—	—	—	—	—	—	—	—	—	—
固安县	—	76.80	—	—	—	—	—	—	—	—	—	—
文安县	—	1 188.75	—	—	—	981.17	—	—	—	—	—	—
合计	78.69	1 809.02	—	863.45	453.58	2 932.09	—	10.32	44.52	246.00	44.44	115.47

（5）有机质。廊坊市 2 级地 2010 年土壤有机质平均为 17.1 g/kg，2020 年平均为 18.9 g/kg。利用行政区划图与耕地质量等级图叠加联合形成行政区划耕地质量等级综合图，对栅格数据区域统计，2010 年土壤有机质变幅 15.3~19.5 g/kg，2020 年变幅 13.1~23.9 g/kg，2010—2020 年土壤有机质平均增加 1.8 g/kg（表 4-11）。

表 4-11　有机质含量 2 级地分布　　　　　　　　　　　　　　单位：g/kg

地区	平均值		最大值		最小值	
	2010 年	2020 年	2010 年	2020 年	2010 年	2020 年
三河市	17.0	19.5	17.5	23.9	15.9	17.3
大厂回族自治县	17.1	18.3	19.5	20.3	15.3	15.0
香河县	—	20.1	—	22.5	—	15.3
广阳区	—	14.0	—	14.5	—	13.1
固安县	—	17.2	—	17.8	—	15.9
文安县	—	18.9	—	19.8	—	17.8
平均值	17.1	18.9	19.5	23.9	15.3	13.1

（6）有效磷。廊坊市 2 级地 2010 年土壤有效磷平均为 24.2 mg/kg，2020 年平均为 42.3 mg/kg。利用行政区划图与耕地质量等级图叠加联合形成行政区划耕地质量等级综合图，对栅格数据统计，2010 年土壤有效磷变幅 17.6～30.3 mg/kg，2020 年变幅 14.3～103.0 mg/kg，2010—2020 年土壤有效磷平均值增加 18.1 mg/kg（表 4-12）。

表 4-12　有效磷含量 2 级地分布　　　　　　　　　　　　　　单位：mg/kg

地区	平均值		最大值		最小值	
	2010 年	2020 年	2010 年	2020 年	2010 年	2020 年
三河市	24.7	57.3	27.1	103.0	17.6	34.7
大厂回族自治县	24.1	38.3	30.3	60.8	17.6	17.6
香河县	—	65.1	—	102.5	—	40.5
广阳区	—	61.2	—	98.3	—	27.0
固安县	—	32.7	—	45.4	—	26.7
文安县	—	17.8	—	19.6	—	14.3
平均值	24.2	42.3	30.3	103.0	17.6	14.3

（7）速效钾。廊坊市 2 级地 2010 年土壤速效钾平均为 161 mg/kg，2020 年平均为 200 mg/kg。利用行政区划图与耕地质量等级图叠加联合形成行政区划耕地质量等级综合图，对栅格数据统计，2010 年土壤速效钾变幅 132～208 mg/kg，2020 年变幅 128～545 mg/kg，2010—2020 年土壤速效钾平均增加 39 mg/kg（表 4-13）。

表 4-13　速效钾含量 2 级地分布　　　　　　　　单位：mg/kg

地区	平均值		最大值		最小值	
	2010 年	2020 年	2010 年	2020 年	2010 年	2020 年
三河市	159	279	164	545	147	149
大厂回族自治县	161	180	208	230	132	132
香河县	—	176	—	215	—	128
广阳区	—	180	—	214	—	168
固安县	—	327	—	352	—	260
文安县	—	166	—	186	—	147
平均值	161	200	208	545	132	128

（8）排水能力。廊坊市 2 级地排水能力处于"充分满足""满足"和"基本满足"状态。用行政区划图与耕地质量等级图叠加联合形成行政区划耕地质量等级综合图，对栅格数据统计，2020 年处于"充分满足"状态耕地较 2010 年增加 2 128.31 hm²，处于"满足"状态耕地增加 1 073.34 hm²，处于"基本满足"状态耕地增加 2 153.47 hm²（表 4-14）。

表 4-14　排水能力 2 级地分布　　　　　　　　单位：hm²

地区	充分满足		满足		基本满足	
	2010 年	2020 年	2010 年	2020 年	2010 年	2020 年
三河市	124.98	—	9.98	—	—	1 290.02
大厂回族自治县	380.84	1 525.19	105.43	—	—	—
香河县	—	—	—	—	—	863.45
广阳区	—	50.97	—	—	—	—
固安县	—	76.80	—	—	—	—
文安县	—	981.17	—	1 188.75	—	—
合计	505.82	2 634.13	115.41	1 188.75	—	2 153.47

（9）pH 值。廊坊市 2 级地 2010 年土壤 pH 值为 7.8，2020 年为 8.3。利用行政区划图与耕地质量等级图叠加联合形成行政区划耕地质量等级综合图，对栅格数据统计，2010 年土壤 pH 值变幅 7.5~8.1，2020 年变幅 7.5~8.7，2010—2020 年土壤 pH 值平均增加 0.5 个单位（表 4-15）。

表 4-15　pH 值 2 级地分布

地区	平均值		最大值		最小值	
	2010 年	2020 年	2010 年	2020 年	2010 年	2020 年
三河市	7.8	8.0	8.1	8.1	7.6	7.5
大厂回族自治县	7.8	8.3	8.1	8.6	7.5	8.1
香河县	—	8.1	—	8.3	—	8.0
广阳区	—	8.6	—	8.7	—	8.6
固安县	—	8.4	—	8.4	—	8.3
文安县	—	8.6	—	8.7	—	8.6
平均值	7.8	8.3	8.1	8.7	7.5	7.5

（10）土壤容重。廊坊市 2 级地 2010 年土壤容重为 1.38 g/cm³，2020 年为 1.35 g/cm³。利用行政区划图与耕地质量等级图叠加联合形成行政区划耕地质量等级综合图，对栅格数据统计，2010 年土壤容重变幅 1.26~1.57 g/cm³，2020 年变幅 1.08~1.43 g/cm³，2010—2020 年土壤容重减小 0.03 g/cm³（表 4-16）。

表 4-16　土壤容重 2 级地分布　　　　　　　　　　单位：g/cm³

地区	平均值		最大值		最小值	
	2010 年	2020 年	2010 年	2020 年	2010 年	2020 年
三河市	1.38	1.40	1.46	1.43	1.34	1.34
大厂回族自治县	1.38	1.30	1.57	1.40	1.26	1.19
香河县	—	1.36	—	1.39	—	1.34
广阳区	—	1.28	—	1.33	—	1.27
固安县	—	1.11	—	1.12	—	1.08
文安县	—	1.39	—	1.41	—	1.37
平均值	1.38	1.35	1.57	1.43	1.26	1.08

（11）盐渍化程度。廊坊市 2 级地盐渍化程度处于"无"和"轻度"状态。用行政区划图与耕地质量等级图叠加联合形成行政区划耕地质量等级综合图，对栅格数据区域统计，2020 年盐渍化程度处于"无"的耕地面积较 2010 年增加 5 076.84 hm²，处于"轻度"的耕地增加 278.28 hm²（表 4-17）。

表 4-17　盐渍化程度 2 级地分布　　　　　　　　　　　单位：hm²

地区	无		轻度	
	2010 年	2020 年	2010 年	2020 年
三河市	134.96	1 290.02	—	—
大厂回族自治县	486.27	1 525.19	—	—
香河县	—	585.17	—	278.28
广阳区	—	50.97	—	—
固安县	—	76.80	—	—
文安县	—	2 169.92	—	—
平均值	621.23	5 698.07	—	278.28

（12）地下水埋深。廊坊市 2 级地地下水埋深均处于"≥3 m"状态。用行政区划图与耕地质量等级图叠加联合形成行政区划耕地质量等级综合图，对栅格数据区域统计，2020 年处于"≥3 m"状态耕地面积较 2010 年增加 5 355.12 hm²（表 4-18）。

表 4-18　地下水埋深 2 级地分布　　　　　　　　　　　单位：hm²

地区	≥3 m	
	2010 年	2020 年
三河市	134.96	1 290.02
大厂回族自治县	486.27	1 525.19
香河县	—	863.45
广阳区	—	50.97
固安县	—	76.80
文安县	—	2 169.92
合计	621.23	5 976.35

（13）障碍因素。廊坊市 2 级地均处于"无"障碍因素。用行政区划图与耕地质量等级图叠加联合形成行政区划耕地质量等级综合图，对栅格数据区域统计，2020 年"无"障碍因素耕地面积较 2010 年增加 5 355.12 hm²（表 4-19）。

表 4-19 障碍因素 2 级地分布 单位：hm²

地区	无障碍因素	
	2010 年	2020 年
三河市	134.96	1 290.02
大厂回族自治县	486.27	1 525.19
香河县	—	863.45
广阳区	—	50.97
固安县	—	76.80
文安县	—	2 169.92
合计	621.23	5 976.35

（14）耕层厚度。廊坊市 2 级地耕层厚度处于"≥20 cm"和"[15，20）cm"状态。用行政区划图与耕地质量等级图叠加联合形成行政区划耕地质量等级综合图，对栅格数据区域统计，2020 年耕层厚度处于"≥20 cm"和"[15，20）cm"状态耕地较2010 年分别增加2 495.29 hm²和2 859.83 hm²（表 4-20）。

表 4-20 耕层厚度 2 级地分布 单位：hm²

地区	≥20 cm		[15，20）cm	
	2010 年	2020 年	2010 年	2020 年
三河市	—	1 290.02	134.96	—
大厂回族自治县	—	—	486.27	1 525.19
香河县	—	96.33	—	767.12
广阳区	—	50.97	—	—
固安县	—	76.80	—	—
文安县	—	981.17	—	1 188.75
合计	—	2 495.29	621.23	3 481.06

（15）农田林网化。廊坊市 2 级地农田林网化处于"高""中"和"低"状态。用行政区划图与耕地质量等级图叠加联合形成行政区划耕地质量等级综合图，对栅格数据区域统计，2020 年农田林网化处于"高"状态耕地较 2010 年增加2 001.12 hm²，处于"中"状态耕地增加2 608.41 hm²，处于"低"状态耕地增加 745.59 hm²（表 4-21）。

表 4-21　农田林网化 2 级地分布　　　　单位：hm²

地区	高		中		低	
	2010 年	2020 年	2010 年	2020 年	2010 年	2020 年
三河市	—	—	—	—	134.96	1 290.02
大厂回族自治县	—	1 525.19	—	—	486.27	—
香河县	—	424.96	—	438.49	—	—
广阳区	—	50.97	—	—	—	—
固安县	—	—	—	—	—	76.80
文安县	—	—	—	2 169.92	—	—
合计	—	2 001.12	—	2 608.41	621.23	1 366.82

（16）生物多样性。廊坊市 2 级地生物多样性处于"丰富""一般"和"不丰富"状态。用行政区划图与耕地质量等级图叠加联合形成行政区划耕地质量等级综合图，对栅格数据区域统计，2020 年生物多样性处于"丰富"耕地较 2010 年增加2 352.48 hm²，处于"一般"耕地增加2 925.84 hm²，处于"不丰富"耕地增加 76.80 hm²（表4-22）。

表 4-22　生物多样性 2 级地分布　　　　单位：hm²

地区	丰富		一般		不丰富	
	2010 年	2020 年	2010 年	2020 年	2010 年	2020 年
三河市	131.44	1 290.02	3.52	—	—	—
大厂回族自治县	382.26	1 525.19	104.01	—	—	—
香河县	—	—	—	863.45	—	—
广阳区	—	50.97	—	—	—	—
固安县	—	—	—	—	—	76.80
文安县	—	—	—	2 169.92	—	—
合计	513.70	2 866.18	107.53	3 033.37	—	76.80

（17）清洁程度。廊坊市 2 级地清洁程度均处于"清洁"状态。用行政区划图与耕地质量等级图叠加联合形成行政区划耕地质量等级综合图，对栅格数据区域统计，2020 年处于"清洁"状态耕地较 2010 年增加5 355.12 hm²（表4-23）。

表 4-23　清洁程度 2 级地分布　　　　单位：hm²

地区	清洁	
	2010 年	2020 年
三河市	134.96	1 290.02

（续表）

地区	清洁	
	2010 年	2020 年
大厂回族自治县	486.27	1 525.19
香河县	—	863.45
广阳区	—	50.97
固安县	—	76.80
文安县	—	2 169.92
合计	621.23	5 976.35

（三）3 级地耕地质量特征

1. 空间分布

表 4-24 表明，2010 年廊坊市 3 级地 8 574.46 hm²，占总耕地的 3.10%；2020 年 3 级地 41 882.81 hm²，占总耕地的 15.14%，3 级地面积增加。2010—2020 年，香河县、固安县、三河市、文安县、广阳区、大城县、永清县、安次区面积增加，其中香河县增加最多，为 10 939.45 hm²，其次是固安县，增加 7 624.52 hm²；大厂回族自治县面积减少 1 698.49 hm²。

表 4-24　3 级地面积与分布

地区	2010 年		2020 年	
	面积/hm²	占 3 级地面积/%	面积/hm²	占 3 级地面积/%
三河市	4 991.05	58.21	10 859.63	25.93
大厂回族自治县	1 822.60	21.26	124.11	0.30
香河县	1 760.81	20.53	12 700.26	30.32
广阳区	—	—	2 038.18	4.87
安次区	—	—	206.31	0.49
永清县	—	—	1 016.21	2.43
固安县	—	—	7 624.52	18.20
文安县	—	—	5 802.75	13.85
大城县	—	—	1 510.84	3.61
合计	8 574.46	100.00	41 882.81	100.00

2. 属性特征

（1）灌溉能力。廊坊市 3 级地灌溉能力处于"充分满足""满足"和"基本满足"状态。用行政区划图与耕地质量等级图叠加联合形成行政区划耕地质量等级综合图，对栅格数据区域统计，2020 年处于"充分满足"和"满足"状态耕地面积较 2010 年分别增加6 594.14 hm^{2}和27 048.47 hm^2；"基本满足"状态面积减少 334.26 hm^2（表 4-25）。

表 4-25　灌溉能力 3 级地分布　　　　　　　　单位：hm^2

地区	充分满足		满足		基本满足	
	2010 年	2020 年	2010 年	2020 年	2010 年	2020 年
三河市	49.59	—	4 252.26	10 519.08	689.20	340.55
大厂回族自治县	70.15	18.08	1 708.15	47.34	44.30	58.69
香河县	—	—	1 760.81	12 700.26	—	—
广阳区	—	1 808.72	—	229.46	—	—
安次区	—	206.31	—	—	—	—
永清县	—	—	—	1 016.21	—	—
固安县	—	—	—	7 624.52	—	—
文安县	—	3 169.93	—	2 632.82	—	—
大城县	—	1 510.84	—	—	—	—
合计	119.74	6 713.88	7 721.22	34 769.69	733.50	399.24

（2）耕层质地。廊坊市 3 级地质地为中壤、轻壤、黏土、砂壤。用行政区划图与耕地质量等级图叠加联合形成行政区划耕地质量等级综合图，对栅格数据区域统计，2020 年中壤耕地面积较 2010 年增加11 632.19 hm^2，轻壤增加14 863.03 hm^2，黏土增加2 489.73 hm^2，砂壤增加4 323.40 hm^2（表 4-26）。

表 4-26　耕层质地 3 级地分布　　　　　　　　单位：hm^2

地区	中壤		轻壤		黏土		砂壤	
	2010 年	2020 年	2010 年	2020 年	2010 年	2020 年	2010 年	2020 年
三河市	2 094.46	3 353.74	1 639.56	5 579.77	1 257.03	1 240.33	—	685.79
大厂回族自治县	901.29	62.91	869.76	60.90	46.99	0.30	4.56	—
香河县	741.57	2 455.76	981.97	7 237.19	37.27	836.55	—	2 170.76
广阳区	—	100.68	—	700.79	—	5.01	—	1 231.70

（续表）

地区	中壤		轻壤		黏土		砂壤	
	2010 年	2020 年	2010 年	2020 年	2010 年	2020 年	2010 年	2020 年
安次区	—	111. 21	—	30. 92	—	4. 25	—	59. 93
永清县	—	1 016. 21	—	—	—	—	—	—
固安县	—	4 031. 12	—	3 373. 68	—	39. 94	—	179. 78
文安县	—	3 182. 48	—	915. 63	—	1 704. 64	—	—
大城县	—	1 055. 40	—	455. 44				
合计	3 737. 32	15 369. 51	3 491. 29	18 354. 32	1 341. 29	3 831. 02	4. 56	4 327. 96

（3）有效土层厚。廊坊市 3 级地有效土层厚处于"≥100 cm"和"[60，100）cm"状态。用行政区划图与耕地质量等级图叠加联合形成行政区划耕地质量等级综合图，对栅格数据区域统计，2020 年处于"≥100 cm"状态面积较 2010 年增加 31 874.91 hm²，处于"[60，100）cm"状态面积增加 1 433.44 hm²（表4-27）。

表 4-27　有效土层厚 3 级地分布　　　　　单位：hm²

地区	≥100 cm		[60，100）cm	
	2010 年	2020 年	2010 年	2020 年
三河市	4 991. 05	10 859. 63	—	—
大厂回族自治县	1 822. 60	124. 11	—	—
香河县	1 760. 81	12 599. 45	—	100. 81
广阳区	—	2 038. 18	—	—
安次区	—	206. 31	—	—
永清县	—	1 016. 21	—	—
固安县	—	6 291. 89	—	1 332. 63
文安县	—	5 802. 75	—	—
大城县	—	1 510. 84		
合计	8 574. 46	40 449. 37	—	1 433. 44

（4）质地构型。廊坊市 3 级地质地构型处于"上松下紧型""通体壤""紧实型""夹层型""海绵型""上紧下松型"和"松散型"状态。用行政区划图与耕地质量等级图叠加联合形成行政区划耕地质量等级综合图，对栅格数据区域统计，2020 年"上松下紧型""通体壤""紧实型""夹层型""海绵型""上紧下松型"和"松散型"状态耕地面积分别增加 5 097.07 hm²、11 130.39 hm²、5 388.42 hm²、297.63 hm²、7 243.03 hm²、2 920.30 hm² 和 1 231.51 hm²（表4-28）。

表4-28 质地构型3级地分布

单位：hm²

地区	上松下紧型		通体壤		紧实型		夹层型		海绵型		上紧下松型		松散型	
	2010年	2020年	2010年	2020年	2010年	2020年	2010年	2020年	2010年	2020年	2010年	2020年	2010年	2020年
三河市	669.22	782.81	—	—	2 521.95	4 146.55	—	—	1 202.35	3 651.80	53.07	434.56	544.46	1 843.91
大厂回族自治县	184.98	55.59	—	—	1 152.94	50.45	—	—	40.23	—	240.02	0.30	204.43	17.77
香河县	37.27	—	1 623.32	11 737.50	13.31	742.58	—	—	—	—	61.18	100.81	25.73	119.37
广阳区		2 038.18												
安次区		132.98				73.33								
永清县				1 016.21										
固安县		948.74				—		297.63		4 833.81		1 519.26		25.08
文安县		2 030.24				2 552.87						1 219.64		
大城县						1 510.84								
合计	891.47	5 988.54	1 623.32	12 753.71	3 688.20	9 076.62	—	297.63	1 242.58	8 485.61	354.27	3 274.57	774.62	2 006.13

（5）有机质。廊坊市 3 级地 2010 年土壤有机质平均为 17.6 g/kg，2020 年平均为 17.7 g/kg。利用行政区划图与耕地质量等级图叠加联合形成行政区划耕地质量等级综合图，对栅格数据区域统计，2010 年土壤有机质变幅 14.3~21.2 g/kg，2020 年变幅 11.1~28.5 g/kg，2010—2020 年土壤有机质平均增加 0.1 g/kg（表 4-29）。

表 4-29　有机质含量 3 级地分布　　　　　　　　　　　单位：g/kg

地区	平均值		最大值		最小值	
	2010 年	2020 年	2010 年	2020 年	2010 年	2020 年
三河市	17.2	19.7	21.2	24.7	14.3	16.6
大厂回族自治县	17.0	16.3	19.8	19.6	14.3	15.2
香河县	19.3	18.1	20.4	22.4	17.2	12.4
广阳区	—	13.3	—	14.7	—	11.1
安次区	—	21.2	—	23.9	—	18.4
永清县	—	15.8	—	17.2	—	15.3
固安县	—	16.4	—	20.9	—	11.9
文安县	—	18.9	—	28.5	—	16.0
大城县	—	15.1	—	15.5	—	13.0
平均值	17.6	17.7	21.2	28.5	14.3	11.1

（6）有效磷。廊坊市 3 级地 2010 年土壤有效磷平均为 28.6 mg/kg，2020 年平均为 47.2 mg/kg。利用行政区划图与耕地质量等级图叠加联合形成行政区划耕地质量等级综合图，对栅格数据统计，2010 年土壤有效磷变幅 18.4~46.5 mg/kg，2020 年变幅 5.9~193.5 mg/kg，2010—2020 年土壤有效磷平均值增加 18.6 mg/kg（表 4-30）。

表 4-30　有效磷含量 3 级地分布　　　　　　　　　　　单位：mg/kg

地区	平均值		最大值		最小值	
	2010 年	2020 年	2010 年	2020 年	2010 年	2020 年
三河市	28.6	48.0	46.5	106.5	18.4	22.6
大厂回族自治县	26.0	28.3	39.1	38.3	18.4	20.4
香河县	31.5	59.9	39.8	109.8	23.8	28.6
广阳区	—	47.2	—	193.5	—	9.2
安次区	—	30.1	—	64.0	—	14.0
永清县	—	19.7	—	32.4	—	5.9
固安县	—	33.7	—	49.7	—	21.2

（续表）

地区	平均值		最大值		最小值	
	2010 年	2020 年	2010 年	2020 年	2010 年	2020 年
文安县	—	17.1	—	21.3	—	13.1
大城县	—	44.8	—	64.5	—	17.3
平均值	28.6	47.2	46.5	193.5	18.4	5.9

（7）速效钾。廊坊市 3 级地 2010 年土壤速效钾平均为 155 mg/kg，2020 年平均为 196 mg/kg。利用行政区划图与耕地质量等级图叠加联合形成行政区划耕地质量等级综合图，对栅格数据统计，2010 年土壤速效钾变幅 126～197 mg/kg，2020 年变幅 110～502 mg/kg，2010—2020 年土壤速效钾平均增加 41 mg/kg（表 4-31）。

表 4-31　速效钾含量 3 级地分布　　　　　单位：mg/kg

地区	平均值		最大值		最小值	
	2010 年	2020 年	2010 年	2020 年	2010 年	2020 年
三河市	154	201	179	502	126	110
大厂回族自治县	159	137	197	186	126	119
香河县	152	154	186	214	138	122
广阳区	—	172	—	224	—	126
安次区	—	276	—	312	—	196
永清县	—	211	—	218	—	191
固安县	—	307	—	382	—	221
文安县	—	175	—	239	—	138
大城县	—	267	—	386	—	160
平均值	155	196	197	502	126	110

（8）排水能力。廊坊市 3 级地排水能力处于"充分满足""满足"和"基本满足"状态。用行政区划图与耕地质量等级图叠加联合形成行政区划耕地质量等级综合图，对栅格数据统计，2020 年处于"充分满足"状态耕地较 2010 年增加 10 108.95 hm²，处于"满足"状态耕地增加 3 287.55 hm²，处于"基本满足"状态耕地增加 19 911.85 hm²（表 4-32）。

表4-32 排水能力3级地分布 单位：hm²

地区	充分满足		满足		基本满足	
	2010年	2020年	2010年	2020年	2010年	2020年
三河市	90.67	—	365.46	—	4 534.92	10 859.63
大厂回族自治县	127.05	124.11	1 644.13	—	51.42	—
香河县	—	—	137.48	—	1 623.33	12 700.26
广阳区	—	2 038.18	—	—	—	—
安次区						206.31
永清县	—	—	—	1 016.21	—	—
固安县	—	7 624.52	—	—	—	—
文安县	—	539.86	—	4 418.41	—	844.48
大城县	—	—	—	—	—	1 510.84
合计	217.72	10 326.67	2 147.07	5 434.62	6 209.67	26 121.52

（9）pH值。廊坊市3级地2010年土壤pH值为7.4，2020年为8.2。利用行政区划图与耕地质量等级图叠加联合形成行政区划耕地质量等级综合图，对栅格数据统计，2010年土壤pH值变幅6.1~8.4，2020年变幅7.3~8.9，2010—2020年土壤pH值平均增加0.8个单位（表4-33）。

表4-33 pH值3级地分布

地区	平均值		最大值		最小值	
	2010年	2020年	2010年	2020年	2010年	2020年
三河市	6.8	7.9	8.1	8.2	6.1	7.3
大厂回族自治县	7.8	8.3	8.4	8.5	6.8	8.1
香河县	8.2	8.2	8.4	8.3	7.7	8.0
广阳区	—	8.7	—	8.9	—	8.6
安次区	—	8.5	—	8.6	—	8.5
永清县	—	8.6	—	8.7	—	8.5
固安县	—	8.4	—	8.4	—	8.3
文安县	—	8.6	—	8.7	—	8.5
大城县	—	8.1	—	8.1	—	8.0
平均值	7.4	8.2	8.4	8.9	6.1	7.3

（10）土壤容重。廊坊市3级地2010年土壤容重为1.36 g/cm³，2020年为

1.33 g/cm³。利用行政区划图与耕地质量等级图叠加联合形成行政区划耕地质量等级综合图，对栅格数据统计，2010 年土壤容重变幅 1.01~1.63 g/cm³，2020 年变幅 1.04~1.51 g/cm³，2010—2020 年土壤容重减小 0.03 g/cm³（表 4-34）。

表 4-34　土壤容重 3 级地分布　　　　　　　单位：g/cm³

地区	平均值		最大值		最小值	
	2010 年	2020 年	2010 年	2020 年	2010 年	2020 年
三河市	1.38	1.40	1.63	1.44	1.01	1.34
大厂回族自治县	1.36	1.33	1.63	1.38	1.01	1.19
香河县	1.33	1.36	1.45	1.41	1.19	1.32
广阳区	—	1.30	—	1.39	—	1.25
安次区	—	1.37	—	1.49	—	1.29
永清县	—	1.50	—	1.51	—	1.48
固安县	—	1.10	—	1.20	—	1.04
文安县	—	1.40	—	1.43	—	1.36
大城县	—	1.43	—	1.45	—	1.39
平均值	1.36	1.33	1.63	1.51	1.01	1.04

（11）盐渍化程度。廊坊市 3 级地盐渍化程度处于"无"和"轻度"状态。用行政区划图与耕地质量等级图叠加联合形成行政区划耕地质量等级综合图，对栅格数据区域统计，2020 年盐渍化程度处于"无"耕地面积较 2010 年增加 31 980.93 hm²，处于"轻度"耕地面积增加 1 327.42 hm²（表 4-35）。

表 4-35　盐渍化程度 3 级地分布　　　　　　　单位：hm²

地区	无		轻度	
	2010 年	2020 年	2010 年	2020 年
三河市	4 991.05	10 859.63	—	—
大厂回族自治县	1 822.60	124.11	—	—
香河县	1 760.81	12 461.61	—	238.65
广阳区	—	2 038.18		
安次区	—	206.31		
永清县	—	1 016.21		
固安县	—	7 624.52		
文安县	—	5 802.75		

（续表）

地区	无		轻度	
	2010 年	2020 年	2010 年	2020 年
大城县	—	422.07	—	1 088.77
合计	8 574.46	40 555.39	—	1 327.42

（12）地下水埋深。廊坊市 3 级地地下水埋深均处于"≥3 m"状态。用行政区划图与耕地质量等级图叠加联合形成行政区划耕地质量等级综合图，对栅格数据区域统计，2020 年处于"≥3 m"状态耕地面积较 2010 年增加33 308.35 hm²（表4-36）。

表 4-36　地下水埋深 3 级地分布　　　　　　　　单位：hm²

地区	≥3 m	
	2010 年	2020 年
三河市	4 991.05	10 859.63
大厂回族自治县	1 822.60	124.11
香河县	1 760.81	12 700.26
广阳区	—	2 038.18
安次区	—	206.31
永清县	—	1 016.21
固安县	—	7 624.52
文安县	—	5 802.75
大城县	—	1510.84
合计	8 574.46	41 882.81

（13）障碍因素。廊坊市 3 级地均处于"无"和"夹砂层"障碍因素。用行政区划图与耕地质量等级图叠加联合形成行政区划耕地质量等级综合图，对栅格数据区域统计，2020 年"无"障碍耕地面积较 2010 年增加33 261.93 hm²，"夹砂层"耕地面积增加 46.42 hm²（表4-37）。

表 4-37　障碍因素 3 级地分布　　　　　　　　单位：hm²

地区	无		夹砂层	
	2010 年	2020 年	2010 年	2020 年
三河市	4 991.05	10 859.63	—	—
大厂回族自治县	1 822.60	124.11	—	—

（续表）

地区	无		夹砂层	
	2010 年	2020 年	2010 年	2020 年
香河县	1 760.81	12 700.26	—	—
广阳区	—	2 038.18	—	—
安次区	—	206.31	—	—
永清县	—	1 016.21	—	—
固安县	—	7 578.10	—	46.42
文安县	—	5 802.75	—	—
大城县	—	1 510.84	—	—
合计	8 574.46	41 836.39	—	46.42

（14）耕层厚度。廊坊市 3 级地耕层厚度处于"≥20 cm"和"[15，20）cm"状态。用行政区划图与耕地质量等级图叠加联合形成行政区划耕地质量等级综合图，对栅格数据区域统计，2020 年处于"≥20 cm"和"[15，20）cm"状态耕地较 2010 年分别增加 23 531.18 hm^2 和 9 777.17 hm^2（表 4-38）。

表 4-38 耕层厚度 3 级地分布
单位：hm^2

地区	≥20 cm		[15，20）cm	
	2010 年	2020 年	2010 年	2020 年
三河市	4 342.34	10 757.85	648.71	101.78
大厂回族自治县	51.42	—	1 771.18	124.11
香河县	—	1 223.21	1 760.81	11 477.05
广阳区	—	2 038.18	—	—
安次区	—	206.31	—	—
永清县	—	1 016.21	—	—
固安县	—	7 605.51	—	19.01
文安县	—	3 566.83	—	2 235.92
大城县	—	1 510.84	—	—
合计	4 393.76	27 924.94	4 180.70	13 957.87

（15）农田林网。廊坊市 3 级地农田林网化处于"高""中"和"低"状态。用行政区划图与耕地质量等级图叠加联合形成行政区划耕地质量等级综合图，对栅格数据区域统计，2020 年农田林网化处于"高"状态耕地较 2010 年增加 13 616.68 hm^2，处于"中"状

态耕地增加6 619.03 hm^2，处于"低"状态耕地增加13 072.64 hm^2（表4-39）。

表4-39　农田林网化3级地分布　　　　　　　　单位：hm^2

地区	高		中		低	
	2010年	2020年	2010年	2020年	2010年	2020年
三河市	—	—	—	—	4 991.05	10 859.63
大厂回族自治县	—	124.11	—	—	1 822.60	—
香河县	—	8 483.81	—	3 169.85	1 760.81	1 046.60
广阳区	—	2 038.18	—	—	—	—
安次区	—	—	—	206.31	—	—
永清县	—	1 016.21	—	—	—	—
固安县	—	—	—	—	—	7 624.52
文安县	—	1 954.37	—	3 242.87	—	605.51
大城县	—	—	—	—	—	1 510.84
合计	—	13 616.68	—	6 619.03	8 574.46	21 647.10

（16）生物多样性。廊坊市3级地生物多样性处于"丰富""一般"和"不丰富"状态。用行政区划图与耕地质量等级图叠加联合形成行政区划耕地质量等级综合图，对栅格数据区域统计，2020年生物多样性处于"丰富"耕地较2010年增加7 754.94 hm^2，处于"一般"耕地增加16 418.05 hm^2，处于"不丰富"耕地增加9 135.36 hm^2（表4-40）。

表4-40　生物多样性3级地分布　　　　　　　　单位：hm^2

地区	丰富		一般		不丰富	
	2010年	2020年	2010年	2020年	2010年	2020年
三河市	4 454.48	10 859.63	536.57	—	—	—
大厂回族自治县	1 691.23	124.11	131.37	—	—	—
香河县	137.48	—	1 623.33	12 700.26	—	—
广阳区	—	2 038.18	—	—	—	—
安次区	—	—	—	206.31	—	—
永清县	—	1 016.21	—	—	—	—
固安县	—	—	—	—	—	7 624.52
文安县	—	—	—	5 802.75	—	—
大城县	—	—	—	—	—	1 510.84
合计	6 283.19	14 038.13	2 291.27	18 709.32	—	9 135.36

（17）清洁程度。廊坊市 3 级地清洁程度处于"清洁"状态。用行政区划图与耕地质量等级图叠加联合形成行政区划耕地质量等级综合图，对栅格数据区域统计，2020年处于"清洁"状态耕地较 2010 年增加33 308.35 hm²（表4-41）。

表 4-41　清洁程度 3 级地分布　　　　　　　　　　　　单位：hm²

地区	清洁	
	2010 年	2020 年
三河市	4 991.05	10 859.63
大厂回族自治县	1 822.60	124.11
香河县	1 760.81	12 700.26
广阳区	—	2 038.18
安次区	—	206.31
永清县	—	1 016.21
固安县	—	7 624.52
文安县	—	5 802.75
大城县	—	1 510.84
合计	8 574.46	41 882.81

（四）4 级地耕地质量特征

1. 空间分布

表 4-42 表明，2010 年廊坊市 4 级地面积46 320.41 hm²，占总耕地的 16.75%；2020 年 4 级地面积81 363.14 hm²，占总耕地的 29.42%，4 级地面积增加。2010—2020年，固安县、永清县、霸州市、文安县、大城县、广阳区、安次区面积增加，其中固安县增加最多，为11 638.58 hm²，其次是永清县，增加10 629.20 hm²；大厂回族自治县、三河市、香河县面积减少，其中香河县减少最多，为5 886.24 hm²。

表 4-42　4 级地面积与分布

地区	2010 年		2020 年	
	面积/hm²	占 4 级地面积/%	面积/hm²	占 4 级地面积/%
三河市	8 812.86	19.03	4 875.25	5.99
大厂回族自治县	1 431.20	3.09	895.16	1.10
香河县	8 426.25	18.19	2 540.01	3.12
广阳区	490.28	1.06	2 536.53	3.12
安次区	1 148.98	2.48	2 976.11	3.66
永清县	1 711.94	3.70	12 341.14	15.17

（续表）

地区	2010 年		2020 年	
	面积/hm²	占 4 级地面积/%	面积/hm²	占 4 级地面积/%
固安县	1 192.98	2.58	12 831.56	15.77
霸州市	6 239.33	13.47	16 634.87	20.45
文安县	12 112.85	26.15	18 089.83	22.23
大城县	4 753.74	10.26	7 642.68	9.39
合计	46 320.41	100.00	81 363.14	100.00

2. 属性特征

（1）灌溉能力。廊坊市 4 级地灌溉能力处于"充分满足""满足"和"基本满足"状态。用行政区划图与耕地质量等级图叠加联合形成行政区划耕地质量等级综合图，对栅格数据区域统计，2020 年处于"充分满足"状态面积较 2010 年增加9 606.72 hm²，"满足"状态面积增加18 588.32hm²，"基本满足"状态面积增加6 847.69 hm²（表4-43）。

表 4-43　灌溉能力 4 级地分布　　　　　　　　　　　单位：hm²

地区	充分满足		满足		基本满足	
	2010 年	2020 年	2010 年	2020 年	2010 年	2020 年
三河市	—	—	2 008.86	2 005.49	6 804.00	2 869.76
大厂回族自治县	69.31	—	719.56	—	642.33	895.16
香河县	—	—	980.44	2 540.01	7 445.81	
广阳区	—	1 215.53	285.56	1 321.00	204.72	
安次区	—	817.82	—	90.39	1 148.98	2 067.90
永清县	—	—	1 711.94	12 341.14	—	
固安县	—	—	448.89	9 703.04	744.09	3 128.52
霸州市	—	—	541.67	—	5 697.66	16 634.87
文安县	—	—	5 361.60	6 634.57	6 751.25	11 455.26
大城县	—	7 642.68	3 988.80	—	764.94	—
合计	69.31	9 676.03	16 047.32	34 635.64	30 203.78	37 051.47

（2）耕层质地。廊坊市 4 级地质地为中壤、轻壤、重壤、黏土、砂壤和砂土。用行政区划图与耕地质量等级图叠加联合形成行政区划耕地质量等级综合图，对栅格数据区域统计，2020 年中壤、轻壤、重壤、黏土、砂壤和砂土耕地面积较 2010 年分别增加1 834.87 hm²、14 894.79 hm²、7 701.13 hm²、4 963.13 hm²、5 437.37 hm²和211.44 hm²（表4-44）。

表 4-44　耕层质地 4 级地分布

单位：hm²

地区	中壤		轻壤		重壤		黏土		砂壤		砂土	
	2010 年	2020 年	2010 年	2020 年	2010 年	2020 年	2010 年	2020 年	2010 年	2020 年	2010 年	2020 年
三河市	2 441.70	824.03	4 424.12	1 649.61	—	—	557.75	199.94	1 389.29	2 201.53	—	0.14
大厂回族自治县	347.27	130.58	900.98	733.52	—	—	55.25	—	127.70	31.06	—	—
香河县	1 610.54	91.30	6 190.73	1 350.60	—	—	208.58	—	416.40	1045.41	—	52.70
广阳区	93.89	85.86	144.29	344.79	—	—	—	—	252.10	1 947.28	—	158.60
安次区	694.25	856.98	454.73	1 316.46	—	—	—	506.95	—	295.72	—	—
永清县	1 711.94	4 559.29	—	7 479.10	—	—	—	23.89	—	278.86	—	—
固安县	870.57	2 443.42	322.41	7 388.20	—	—	—	1 312.74	—	1 687.20	—	—
霸州市	2 609.12	4 851.46	1 996.67	2 456.79	1 625.49	9 326.62	8.05	—	—	—	—	—
文安县	8 329.75	9 632.83	2 228.38	2 211.82	—	—	1 554.72	6 213.14	—	32.04	—	—
大城县	3 442.96	511.11	401.60	7 027.81	—	—	909.18	—	—	103.76	—	—
合计	22 151.99	23 986.86	17 063.91	31 958.70	1 625.49	9 326.62	3 293.53	8 256.66	2 185.49	7 622.86	—	211.44

（3）有效土层厚。廊坊市4级地有效土层厚处于"≥100 cm""[60，100）cm"和"[30，60）cm"状态。用行政区划图与耕地质量等级图叠加联合形成行政区划耕地质量等级综合图，对栅格数据区域统计，2020年处于"≥100 cm"状态面积较2010年增加30 624.42 hm²，处于"[60，100）cm"状态面积增加3 653.96 hm²，处于"[30，60）cm"状态面积增加764.35 hm²（表4-45）。

表4-45　有效土层厚4级地分布　　　　　　单位：hm²

地区	≥100 cm		[60，100）cm		[30，60）cm	
	2010年	2020年	2010年	2020年	2010年	2020年
三河市	8 808.15	4 875.25	4.71	—	—	—
大厂回族自治县	1 152.42	895.16	—	—	278.78	—
香河县	7 620.42	1 012.63	757.42	435.84	48.41	1 091.54
广阳区	490.28	2 536.53	—	—	—	—
安次区	1 148.98	2 976.11	—	—	—	—
永清县	1 711.94	12 341.14	—	—	—	—
固安县	1 192.98	8 851.31	—	3 980.25	—	—
霸州市	6 239.33	16 634.87	—	—	—	—
文安县	12 112.85	18 089.83	—	—	—	—
大城县	4 753.74	7 642.68	—	—	—	—
合计	45 231.09	75 855.51	762.13	4 416.09	327.19	1 091.54

（4）质地构型。廊坊市4级地质地构型处于"上松下紧型""通体壤""紧实型""夹层型""海绵型""上紧下松型"和"松散型"状态。用行政区划图与耕地质量等级图叠加联合形成行政区划耕地质量等级综合图，对栅格数据区域统计，2020年"上松下紧型""紧实型""夹层型""海绵型""上紧下松型"和"松散型"状态耕地面积分别增加10 788.46 hm²、8 723.21 hm²、1 269.71 hm²、14 881.07 hm²、3 508.17 hm²和2 588.90 hm²，处于"通体壤"状态耕地面积减少6 716.79 hm²（表4-46）。

表 4-46 质地构型 4 级地分布

单位：hm²

地区	上松下紧型 2010年	上松下紧型 2020年	通体壤 2010年	通体壤 2020年	紧实型 2010年	紧实型 2020年	夹层型 2010年	夹层型 2020年	海绵型 2010年	海绵型 2020年	上紧下松型 2010年	上紧下松型 2020年	松散型 2010年	松散型 2020年
三河市	653.27	—	43.03	—	2 692.80	350.53	—	—	3 623.80	2 674.50	439.15	450.81	1 360.81	1 399.41
大厂回族自治县	1 81.68	112.53	—	—	375.47	239.25	—	23.24	59.06	—	190.19	121.38	624.80	398.76
香河县	20.77	526.78	7 791.06	1 088.68	333.87	—	—	125.23	169.59	—	—	527.97	110.96	271.35
广阳区	490.28	2 536.53	—	—	—	—	—	—	—	—	—	—	—	—
安次区	1 148.98	2 011.92	—	—	—	371.98	—	—	—	—	—	592.21	—	—
永清县	—	—	1 711.94	1 740.56	—	115.66	—	—	—	9 879.58	—	—	—	605.34
固安县	322.41	614.41	—	—	—	—	—	1 121.24	421.68	6 191.27	448.89	2 894.03	—	2 010.61
霸州市	5 689.60	16 634.87	—	—	549.73	—	—	—	—	—	—	—	—	—
文安县	8 043.96	6 939.58	—	—	4 068.89	10 740.40	—	—	—	409.85	—	—	—	—
大城县	2 037.21	—	—	—	2 716.53	7 642.68	—	—	—	—	—	—	—	—
合计	18 588.16	29 376.62	9 546.03	2 829.24	10 737.29	19 460.50	—	1 269.71	4 274.13	19 155.20	1 078.23	4 586.40	2 096.57	4 685.47

（5）有机质。廊坊市 4 级地 2010 年土壤有机质平均为 16.4 g/kg，2020 年平均为 16.2 g/kg。利用行政区划图与耕地质量等级图叠加联合形成行政区划耕地质量等级综合图，对栅格数据区域统计，2010 年土壤有机质变幅 12.0~22.2 g/kg，2020 年变幅 10.5~29.7 g/kg，2010—2020 年土壤有机质平均减少 0.2 g/kg（表 4-47）。

表 4-47 有机质含量 4 级地分布

单位：g/kg

地区	平均值		最大值		最小值	
	2010 年	2020 年	2010 年	2020 年	2010 年	2020 年
三河市	17.3	19.1	22.2	24.6	13.9	16.1
大厂回族自治县	17.7	15.8	19.6	18.5	14.9	14.3
香河县	17.8	17.1	22.0	21.9	13.8	12.4
广阳区	19.1	12.8	21.7	14.9	16.9	10.5
安次区	17.7	18.7	20.3	25.3	14.4	12.9
永清县	13.1	15.3	13.9	17.9	12.9	12.6
固安县	15.7	15.0	16.2	20.9	15.2	11.4
霸州市	16.0	17.5	19.4	29.7	14.6	12.5
文安县	14.3	18.2	19.4	24.8	12.0	14.1
大城县	14.1	13.5	15.5	15.5	12.0	12.4
平均值	16.4	16.2	22.2	29.7	12.0	10.5

（6）有效磷。廊坊市 4 级地 2010 年土壤有效磷平均为 26.2 mg/kg，2020 年平均为 25.6 mg/kg。利用行政区划图与耕地质量等级图叠加联合形成行政区划耕地质量等级综合图，对栅格数据统计，2010 年土壤有效磷变幅 5.3~61.1 mg/kg，2020 年变幅 2.7~112.5 mg/kg，2010—2020 年土壤有效磷平均值减少 0.6 mg/kg（表 4-48）。

表 4-48 有效磷含量 4 级地分布

单位：mg/kg

地区	平均值		最大值		最小值	
	2010 年	2020 年	2010 年	2020 年	2010 年	2020 年
三河市	30.2	46.0	50.1	112.5	19.9	19.6
大厂回族自治县	30.1	27.9	44.3	47.0	19.9	17.9
香河县	29.2	70.1	48.0	102.1	19.5	31.0
广阳区	29.8	21.6	31.7	108.3	27.6	7.4
安次区	19.9	33.8	26.4	65.8	15.6	10.0
永清县	19.4	18.3	20.3	105.2	19.2	2.7

（续表）

地区	平均值		最大值		最小值	
	2010 年	2020 年	2010 年	2020 年	2010 年	2020 年
固安县	24.5	34.3	30.0	51.1	20.6	18.2
霸州市	25.0	13.7	36.7	27.6	11.3	8.1
文安县	12.0	17.1	18.8	22.2	5.3	10.7
大城县	36.0	15.5	61.1	57.3	9.8	7.9
平均值	26.2	25.6	61.1	112.5	5.3	2.7

（7）速效钾。廊坊市 4 级地 2010 年土壤速效钾平均为 148 mg/kg，2020 年平均为 200 mg/kg。利用行政区划图与耕地质量等级图叠加联合形成行政区划耕地质量等级综合图，对栅格数据统计，2010 年土壤速效钾变幅 81～247 mg/kg，2020 年变幅 72～432 mg/kg，2010—2020 年土壤速效钾平均增加 52 mg/kg（表 4-49）。

表 4-49　速效钾含量 4 级地分布　　　　　　　　　　　　单位：mg/kg

地区	平均值		最大值		最小值	
	2010 年	2020 年	2010 年	2020 年	2010 年	2020 年
三河市	149	198	187	432	128	107
大厂回族自治县	161	132	198	158	128	119
香河县	142	162	176	206	126	128
广阳区	119	165	133	224	112	122
安次区	210	238	237	329	176	145
永清县	192	196	207	237	188	143
固安县	155	273	162	387	142	217
霸州市	154	219	192	278	109	166
文安县	116	183	167	247	81	144
大城县	173	152	247	381	81	72
平均值	148	200	247	432	81	72

（8）排水能力。廊坊市 4 级地排水能力处于"充分满足""满足""基本满足"和"不满足"状态。用行政区划图与耕地质量等级图叠加联合形成行政区划耕地质量等级综合图，对栅格数据统计，2020 年处于"充分满足"和"满足"状态耕地较 2010 年分别增加 13 326.57 hm² 和 28 265.63 hm²，处于"基本满足"和"不满足"状态耕地分别减少 4 386.96 hm² 和 2 162.51 hm²（表 4-50）。

表 4-50　排水能力 4 级地分布　　　　　　　　　　单位：hm²

地区	充分满足		满足		基本满足		不满足	
	2010 年	2020 年	2010 年	2020 年	2010 年	2020 年	2010 年	2020 年
三河市	—	—	179.08	—	7 255.68	4 875.25	1 378.10	—
大厂回族自治县	127.47	895.16	1 229.75	—	73.98			
香河县	—	—	113.42	—	7 528.42	2 540.01	784.41	—
广阳区	—	2 536.53	—	—	490.28			
安次区	—	—	—	—	1 148.98	2 976.11		
永清县	—	—	—	12 341.14	1 711.94			
固安县	—	9 865.27	1 192.98	2 966.29				
霸州市	—	—	8.05	16 634.87	6 231.28			
文安县	—	157.08	4 898.38	3 944.99	7 214.47	13 987.76		
大城县	—	—	—	—	4 753.74	7 642.68		
合计	127.47	13 454.04	7 621.66	35 887.29	36 408.77	32 021.81	2 162.51	—

（9）pH 值。廊坊市 4 级地 2010 年土壤 pH 值为 7.8，2020 年为 8.4。利用行政区划图与耕地质量等级图叠加联合形成行政区划耕地质量等级综合图，对栅格数据统计，2010 年土壤 pH 值变幅 6.0~8.9，2020 年变幅 7.3~8.9，2010—2020 年土壤 pH 值平均增加 0.6 个单位（表 4-51）。

表 4-51　土壤 pH 值 4 级地分布

地区	平均值		最大值		最小值	
	2010 年	2020 年	2010 年	2020 年	2010 年	2020 年
三河市	6.7	7.8	8.4	8.3	6.0	7.3
大厂回族自治县	7.8	8.3	8.2	8.5	6.3	8.2
香河县	8.0	8.1	8.6	8.3	6.8	8.0
广阳区	7.8	8.7	8.2	8.9	7.4	8.6
安次区	8.5	8.6	8.8	8.7	8.2	8.5
永清县	8.9	8.5	8.9	8.7	8.8	8.3
固安县	8.3	8.4	8.5	8.5	8.0	8.3
霸州市	8.3	8.6	8.6	8.8	7.9	8.4

（续表）

地区	平均值		最大值		最小值	
	2010 年	2020 年	2010 年	2020 年	2010 年	2020 年
文安县	8.2	8.6	8.6	8.7	7.6	8.5
大城县	8.0	8.1	8.4	8.2	7.6	8.0
平均值	7.8	8.4	8.9	8.9	6.0	7.3

（10）土壤容重。廊坊市 4 级地 2010 年土壤容重为 1.38 g/cm^3，2020 年为 1.36 g/cm^3。利用行政区划图与耕地质量等级图叠加联合形成行政区划耕地质量等级综合图，对栅格数据统计，2010 年土壤容重变幅 1.01～1.72 g/cm^3，2020 年变幅 1.03～1.53 g/cm^3，2010—2020 年土壤容重减小 0.02 g/cm^3（表 4-52）。

表 4-52　土壤容重 4 级地分布　　　　　　　　　　　　　单位：g/cm^3

地区	平均值		最大值		最小值	
	2010 年	2020 年	2010 年	2020 年	2010 年	2020 年
三河市	1.42	1.40	1.65	1.44	1.09	1.34
大厂回族自治县	1.29	1.32	1.72	1.38	1.01	1.25
香河县	1.37	1.35	1.68	1.40	1.17	1.32
广阳区	1.32	1.32	1.44	1.39	1.25	1.26
安次区	1.34	1.40	1.41	1.53	1.25	1.28
永清县	1.46	1.48	1.49	1.51	1.32	1.45
固安县	1.41	1.11	1.50	1.20	1.34	1.03
霸州市	1.39	1.36	1.47	1.50	1.20	1.22
文安县	1.42	1.41	1.59	1.44	1.20	1.37
大城县	1.35	1.42	1.38	1.46	1.33	1.39
平均值	1.38	1.36	1.72	1.53	1.01	1.03

（11）盐渍化程度。廊坊市 4 级地盐渍化程度处于"无"和"轻度"状态。用行政区划图与耕地质量等级图叠加联合形成行政区划耕地质量等级综合图，对栅格数据区域统计，2020 年盐渍化程度处于"无"耕地面积较 2010 年增加 34 788.17 hm^2，处于"轻度"耕地增加 254.56 hm^2（表 4-53）。

表4-53　盐渍化程度4级地分布　　　　　　　　　　单位：hm²

地区	无		轻度	
	2010 年	2020 年	2010 年	2020 年
三河市	8 808.15	4 875.25	4.71	—
大厂回族自治县	1 431.20	895.16	—	—
香河县	7 885.46	2 540.01	540.79	—
广阳区	490.28	2 536.53	—	—
安次区	1 148.98	2 976.11	—	—
永清县	1 711.94	12 341.14	—	—
固安县	1 192.98	12 831.56	—	—
霸州市	6 239.33	16 634.87	—	—
文安县	12 112.85	18 089.83	—	—
大城县	2 946.39	5 035.27	1 807.35	2 607.41
合计	43 967.56	78 755.73	2 352.85	2 607.41

（12）地下水埋深。廊坊市4级地地下水埋深均处于"≥3 m"状态。用行政区划图与耕地质量等级图叠加联合形成行政区划耕地质量等级综合图，对栅格数据区域统计，2020年处于"≥3 m"状态耕地面积较2010年增加35 042.73 hm²（表4-54）。

表4-54　地下水埋深4级地分布　　　　　　　　　　单位：hm²

地区	≥3 m	
	2010 年	2020 年
三河市	8 812.86	4 875.25
大厂回族自治县	1 431.20	895.16
香河县	8 426.25	2 540.01
广阳区	490.28	2 536.53
安次区	1 148.98	2 976.11
永清县	1 711.94	12 341.14
固安县	1 192.98	12 831.56
霸州市	6 239.33	16 634.87
文安县	12 112.85	18 089.83
大城县	4 753.74	7 642.68
合计	46 320.41	81 363.14

（13）障碍因素。廊坊市 4 级地均处于"无"和"夹砂层"障碍因素。用行政区划图与耕地质量等级图叠加联合形成行政区划耕地质量等级综合图，对栅格数据区域统计，2020 年"无"障碍耕地面积较 2010 年增加 38 485.07 hm^2，处于"夹砂层"耕地减少 3 442.34 hm^2（表 4-55）。

表 4-55　障碍因素 4 级地分布　　　　　　　　　　　单位：hm^2

地区	无		夹砂层	
	2010 年	2020 年	2010 年	2020 年
三河市	8 812.86	4 875.25	—	—
大厂回族自治县	1 152.42	895.16	278.78	—
香河县	6 839.97	2 447.89	1 586.28	92.12
广阳区	490.28	2 536.53	—	—
安次区	1 148.98	2 976.11	—	—
永清县	1 711.94	12 341.14	—	—
固安县	1 192.98	12 096.25	—	735.31
霸州市	5 697.66	16 634.87	541.67	—
文安县	11 014.75	18 089.83	1 098.10	—
大城县	3 988.80	7 642.68	764.94	—
合计	42 050.64	80 535.71	4 269.77	827.43

（14）耕层厚度。廊坊市 4 级地耕层厚度处于"≥20 cm"和"[15，20）cm"状态。用行政区划图与耕地质量等级图叠加联合形成行政区划耕地质量等级综合图，对栅格数据区域统计，2020 年处于"≥20 cm"状态耕地较 2010 年增加 39 562.63 hm^2，处于"[15，20）cm"状态耕地减少 4 519.90 hm^2（表 4-56）。

表 4-56　耕层厚度 4 级地分布　　　　　　　　　　　单位：hm^2

地区	≥20 cm		[15，20）cm	
	2010 年	2020 年	2010 年	2020 年
三河市	7 897.80	4 860.91	915.06	14.34
大厂回族自治县	73.98	—	1 357.22	895.16
香河县	572.15	610.95	7 854.10	1 929.06
广阳区	490.28	2 536.53	—	—

（续表）

地区	≥20 cm		[15, 20) cm	
	2010 年	2020 年	2010 年	2020 年
安次区	1 148.98	2 976.11	—	—
永清县	1 711.94	12 341.14	—	—
固安县	1 192.98	12 370.23	—	461.33
霸州市	5 689.60	16 634.87	549.73	—
文安县	4 373.85	4 013.03	7 739.00	14 076.80
大城县	1 272.26	7 642.68	3 481.48	—
合计	24 423.82	63 986.45	21 896.59	17 376.69

（15）农田林网化。廊坊市 4 级地农田林网化处于"高""中"和"低"状态。用行政区划图与耕地质量等级图叠加联合形成行政区划耕地质量等级综合图，对栅格数据区域统计，2020 年农田林网化处于"高"和"中"状态耕地较 2010 年分别增加 19 862.08 hm² 和 16 225.10 hm²，处于"低"状态耕地减少 1 044.45 hm²（表 4-57）。

表 4-57　农田林网化 4 级地分布　　　　　　单位：hm²

地区	高		中		低	
	2010 年	2020 年	2010 年	2020 年	2010 年	2020 年
三河市	—	—	—	—	8 812.86	4 875.25
大厂回族自治县	—	895.16	—	—	1 431.20	—
香河县	—	636.63	—	1 272.25	8 426.25	631.13
广阳区	—	2 536.53	—	—	490.28	—
安次区	—	—	—	2 976.11	1 148.98	—
永清县	—	12 341.14	—	—	1 711.94	—
固安县	—	—	—	—	1 192.98	12 831.56
霸州市	—	—	—	—	6 239.33	16 634.87
文安县	—	3 452.62	—	11 976.74	12 112.85	2 660.47
大城县	—	—	—	—	4 753.74	7 642.68
合计	—	19 862.08	—	16 225.10	46 320.41	45 275.96

（16）生物多样性。廊坊市 4 级地生物多样性处于"丰富""一般"和"不丰富"状

态。用行政区划图与耕地质量等级图叠加联合形成行政区划耕地质量等级综合图，对栅格数据区域统计，2020 年生物多样性处于"丰富"和"不丰富"耕地较 2010 年分别增加 8 926.07 hm^2 和27 502.47 hm^2，处于"一般"耕地减少1 385.81 hm^2（表4-58）。

表 4-58　生物多样性 4 级地分布　　　　单位：hm^2

地区	丰富		一般		不丰富	
	2010 年	2020 年	2010 年	2020 年	2010 年	2020 年
三河市	8 441.73	4 875.25	371.13	—	—	—
大厂回族自治县	1 239.38	895.16	191.82	—	—	—
香河县	328.96	—	8 097.29	2 540.01	—	—
广阳区	—	2 536.53	490.28	—	—	—
安次区	—	—	1 148.98	2 976.11	—	—
永清县	1 711.94	12 341.14	—	—	—	—
固安县	—	—	—	—	1 192.98	12 831.56
霸州市	—	—	549.73	—	5 689.60	16 634.87
文安县	—	—	12 105.32	18 089.83	7.53	—
大城县	—	—	2 037.21	—	2 716.53	7 642.68
合计	11 722.01	20 648.08	24 991.76	23 605.95	9 606.64	37 109.11

（17）清洁程度。廊坊市 4 级地清洁程度均处于"清洁"状态。用行政区划图与耕地质量等级图叠加联合形成行政区划耕地质量等级综合图，对栅格数据区域统计，2020 年处于"清洁"状态耕地较 2010 年增加 35 042.73 hm^2（表4-59）。

表 4-59　清洁程度 4 级地分布　　　　单位：hm^2

地区	清洁	
	2010 年	2020 年
三河市	8 812.86	4 875.25
大厂回族自治县	1 431.20	895.16
香河县	8 426.25	2 540.01
广阳区	490.28	2 536.53
安次区	1 148.98	2 976.11
永清县	1 711.94	12 341.14

（续表）

地区	清洁	
	2010 年	2020 年
固安县	1 192.98	12 831.56
霸州市	6 239.33	16 634.87
文安县	12 112.85	18 089.83
大城县	4 753.74	7 642.68
合计	46 320.41	81 363.14

（五）5 级地耕地质量特征

1. 空间分布

表 4-60 表明，2010 年廊坊市 5 级地面积 90 656.95 hm²，占总耕地的 32.78%；2020 年 5 级地 75 574.33 hm²，占总耕地的 27.32%，5 级地面积减少。2010—2020 年，永清县、安次区、文安县、大厂回族自治县 5 级地面积增加，其中永清县增加最多，为 10 979.83 hm²，其次是安次区，增加 2 798.39 hm²；广阳区、大城县、三河市、香河县、霸州市、固安县面积减少，其中固安县减少最多，为 11 497.67 hm²，其次是霸州市，减少 5 620.74 hm²。

表 4-60　5 级地面积与分布

地区	2010 年		2020 年	
	面积/hm²	占 5 级地面积/%	面积/hm²	占 5 级地面积/%
三河市	3 117.07	3.44	154.66	0.20
大厂回族自治县	72.29	0.08	105.79	0.14
香河县	5 118.63	5.65	692.28	0.92
广阳区	3 240.42	3.57	1 041.64	1.38
安次区	8 202.55	9.05	11 000.94	14.56
永清县	3 093.66	3.41	14 073.49	18.62
固安县	17 460.86	19.26	5 963.19	7.89
霸州市	18 459.27	20.36	12 838.53	16.99
文安县	27 138.29	29.94	27 623.66	36.55

（续表）

地区	2010 年		2020 年	
	面积/hm²	占 5 级地面积/%	面积/hm²	占 5 级地面积/%
大城县	4 753.91	5.24	2 080.15	2.75
合计	90 656.95	100.00	75 574.33	100.00

2. 属性特征

（1）灌溉能力。廊坊市 5 级地灌溉能力处于"充分满足""满足""基本满足"和"不满足"状态。用行政区划图与耕地质量等级图叠加联合形成行政区划耕地质量等级综合图，对栅格数据区域统计，2020 年处于"充分满足""满足"和"不满足"状态面积较 2010 年分别增加 1 077.26 hm²、8 044.62 hm² 和 4 949.88 hm²，"基本满足"状态面积减少 29 154.38 hm²（表 4-61）。

表 4-61 灌溉能力 5 级地分布　　　　　　　　　　　单位：hm²

地区	充分满足		满足		基本满足		不满足	
	2010 年	2020 年	2010 年	2020 年	2010 年	2020 年	2010 年	2020 年
三河市	—	—	144.16	154.66	2 972.91	—	—	—
大厂回族自治县	17.15	—	23.90	—	31.24	105.79	—	—
香河县	—	—	364.96	692.28	4 753.67	—	—	—
广阳区	—	634.12	60.98	407.52	3 179.44	—	—	—
安次区	—	28.86	—	61.92	7 844.58	10 910.16	357.97	—
永清县	—	—	1 434.92	14 073.49	1 658.74	—	—	—
固安县	—	—	1 150.41	248.24	16 310.45	5 714.95	—	—
霸州市	—	—	36.73	—	17 027.94	12 838.53	1 394.60	—
文安县	—	—	3 676.25	—	18 436.47	16 984.81	5 025.57	10 638.85
大城县	—	431.43	701.18	—	3 493.18	—	559.55	1 648.72
合计	17.15	1 094.41	7 593.49	15 638.11	75 708.62	46 554.24	7 337.69	12 287.57

（2）耕层质地。廊坊市 5 级地质地为中壤、轻壤、重壤、黏土、砂壤和砂土。用行政区划图与耕地质量等级图叠加联合形成行政区划耕地质量等级综合图，对栅格数据区域统计，2020 年中壤耕地面积较 2010 年减少 8 210.97 hm²，轻壤减少 11 562.25 hm²，重壤减少 2 172.18 hm²，黏土减少 1 980.24 hm²，砂壤和砂土分别增加 7 544.24 hm² 和 1 298.78 hm²（表 4-62）。

表 4-62　耕层质地 5 级地分布

单位：hm²

地区	中壤		轻壤		重壤		黏土		砂壤		砂土	
	2010 年	2020 年	2010 年	2020 年	2010 年	2020 年	2010 年	2020 年	2010 年	2020 年	2010 年	2020 年
三河市	—	—	875.96	—	—	—	223.14	—	2 017.97	—	—	154.66
大厂回族自治县	—	—	51.20	70.30	—	—	3.94	—	17.15	35.16	—	0.33
香河县	171.78	—	1 539.14	295.65	—	—	588.79	—	2 818.92	91.45	—	305.18
广阳区	63.02	—	958.68	—	—	—	—	—	2 218.72	233.68	—	807.96
安次区	418.71	475.55	2 839.79	1 721.77	—	—	1 078.58	2 021.14	3 865.47	6 753.62	—	28.86
永清县	1 688.88	—	1 026.67	2 236.65	—	—	—	285.62	378.11	11 549.43	—	1.79
固安县	5 527.47	541.68	9 652.44	2 914.92	—	—	1 297.69	376.97	983.26	2 129.62	—	—
霸州市	1 746.74	358.89	4 498.82	4 503.86	8 935.17	7 344.99	1 613.97	—	1 664.57	630.79	—	—
文安县	11 924.85	10 710.49	5 241.08	6 282.63	582.00	—	9 390.36	10 627.97	—	2.57	—	—
大城县	400.43	1 644.30	3 258.01	353.76	—	—	1 095.47	—	—	82.09	—	—
合计	21 941.88	13 730.91	29 941.79	18 379.54	9 517.17	7 344.99	15 291.94	13 311.70	13 964.17	21 508.41	—	1 298.78

（3）有效土层厚。廊坊市5级地有效土层厚处于"≥100 cm""[60，100）cm"和"[30，60）cm"状态。用行政区划图与耕地质量等级图叠加联合形成行政区划耕地质量等级综合图，对栅格数据区域统计，2020年处于"≥100 cm"状态面积较2010年减少13 299.28 hm²，处于"[60，100）cm"状态面积减少1 620.43 hm²，处于"[30，60）cm"状态面积减少162.91 hm²（表4-63）。

表4-63　有效土层厚5级地分布　　　　　　　　　　　　　　单位：hm²

地区	≥100 cm		[60，100）cm		[30，60）cm	
	2010年	2020年	2010年	2020年	2010年	2020年
三河市	2 972.91	154.66	—	—	144.16	—
大厂回族自治县	31.24	63.94	—	—	41.05	41.85
香河县	3 756.49	305.18	955.49	—	406.65	387.10
广阳区	3 240.42	1 041.64	—	—	—	—
安次区	8 202.55	11 000.94	—	—	—	—
永清县	3 093.66	14 073.49	—	—	—	—
固安县	14 308.60	3 475.87	3 152.26	2 487.32	—	—
霸州市	18 459.27	12 838.53	—	—	—	—
文安县	27 138.29	27 623.66	—	—	—	—
大城县	4 753.91	2 080.15	—	—	—	—
合计	85 957.34	72 658.06	4 107.75	2 487.32	591.86	428.95

（4）质地构型。廊坊市5级地质地构型处于"上松下紧型""通体壤""紧实型""夹层型""海绵型""上紧下松型"和"松散型"状态。用行政区划图与耕地质量等级图叠加联合形成行政区划耕地质量等级综合图，对栅格数据区域统计，2020年"上松下紧型""通体壤""紧实型""海绵型"和"上紧下松型"状态耕地面积分别减少5 295.02 hm²、4 199.85 hm²、5 747.62 hm²、847.75 hm²和2 079.86 hm²；"夹层型"和"松散型"状态耕地面积分别增加267.80 hm²和2 819.68 hm²（表4-64）。

表4-64　质地构型5级地分布

单位：hm²

地区	上松下紧型 2010年	上松下紧型 2020年	通体壤 2010年	通体壤 2020年	紧实型 2010年	紧实型 2020年	夹层型 2010年	夹层型 2020年	海绵型 2010年	海绵型 2020年	上紧下松型 2010年	上紧下松型 2020年	松散型 2010年	松散型 2020年
三河市	—	—	3.19	—	109.67	145.23	—	—	903.35	9.43	337.43	—	1 763.43	—
大厂回族自治县	—	0.33	—	—	—	—	—	41.85	22.37	—	—	—	49.92	63.61
香河县	246.35	66.50	4 023.02	279.50	395.61	—	—	261.65	—	—	453.65	34.00	—	50.63
广阳区	3 239.29	1 041.64	—	—	1.13	—	—	—	—	—	—	—	—	—
安次区	7 089.35	8 001.15	—	—	1 052.46	2 130.23	—	—	60.74	—	—	413.19	—	456.37
永清县	73.51	—	453.14	—	344.61	695.30	—	—	1 717.04	9 368.07	259.53	—	245.83	4 010.12
固安县	1 230.63	65.49	—	—	1 476.50	—	607.65	571.95	11 527.77	2 409.25	2 734.10	1 257.66	1 360.71	1 658.84
霸州市	16 982.77	12 838.53	—	—	—	—	—	—	—	—	—	—	—	—
文安县	13 282.57	15 152.31	—	—	13 122.26	9 821.69	—	—	733.46	2 649.66	—	—	—	—
大城县	316.50	—	—	—	4 117.98	2 080.15	—	—	319.43	—	—	—	—	—
合计	42 460.97	37 165.95	4 479.35	279.50	20 620.22	14 872.60	607.65	875.45	15 284.16	14 436.41	3 784.71	1 704.85	3 419.89	6 239.57

（5）有机质。廊坊市5级地2010年土壤有机质平均为15.9 g/kg，2020年平均为15.3 g/kg。利用行政区划图与耕地质量等级图叠加联合形成行政区划耕地质量等级综合图，对栅格数据区域统计，2010年土壤有机质变幅11.4~25.5 g/kg，2020年变幅9.9~28.0 g/kg，2010—2020年土壤有机质平均减少0.6 g/kg（表4-65）。

表4-65　有机质含量5级地分布　　　　　　　　单位：g/kg

地区	平均值		最大值		最小值	
	2010年	2020年	2010年	2020年	2010年	2020年
三河市	16.5	19.9	20.6	20.4	15.0	18.2
大厂回族自治县	17.0	15.6	17.5	17.4	16.1	14.3
香河县	16.9	17.0	20.6	21.3	13.1	12.4
广阳区	18.7	11.9	21.4	14.9	12.7	9.9
安次区	18.6	15.9	25.5	25.3	12.2	11.1
永清县	13.7	14.1	21.6	18.0	11.8	12.3
固安县	15.3	14.7	16.9	20.7	13.4	10.4
霸州市	14.5	14.5	18.8	28.0	11.4	10.2
文安县	14.1	17.2	18.9	25.8	11.9	25.8
大城县	14.5	15.5	16.0	16.9	12.3	12.9
平均值	15.9	15.3	25.5	28.0	11.4	9.9

（6）有效磷。廊坊市5级地2010年土壤有效磷平均为22.5 mg/kg，2020年平均为21.3 mg/kg。利用行政区划图与耕地质量等级图叠加联合形成行政区划耕地质量等级综合图，对栅格数据统计，2010年土壤有效磷变幅5.0~67.1 mg/kg，2020年变幅1.1~169.7 mg/kg，2010—2020年土壤有效磷平均值减少1.2 mg/kg（表4-66）。

表4-66　有效磷含量5级地分布　　　　　　　　单位：mg/kg

地区	平均值		最大值		最小值	
	2010年	2020年	2010年	2020年	2010年	2020年
三河市	30.0	43.4	43.4	54.4	19.6	30.7
大厂回族自治县	39.3	26.5	43.4	41.1	23.7	20.1
香河县	31.1	63.1	39.9	100.6	22.7	38.9
广阳区	28.9	29.3	32.9	169.7	22.9	11.0
安次区	19.6	23.2	26.6	65.6	11.1	9.9
永清县	20.5	19.2	30.1	113.3	11.1	1.1

（续表）

地区	平均值		最大值		最小值	
	2010 年	2020 年	2010 年	2020 年	2010 年	2020 年
固安县	25.7	34.3	35.2	51.1	17.9	18.8
霸州市	21.5	12.6	36.9	26.4	5.0	5.2
文安县	10.9	15.8	19.0	22.5	5.0	10.1
大城县	33.4	34.2	67.1	63.7	8.8	10.3
平均值	22.5	21.3	67.1	169.7	5.0	1.1

（7）速效钾。廊坊市 5 级地 2010 年土壤速效钾平均为 151 mg/kg，2020 年平均为 204 mg/kg。利用行政区划图与耕地质量等级图叠加联合形成行政区划耕地质量等级综合图，对栅格数据统计，2010 年土壤速效钾变幅 83～243 mg/kg，2020 年变幅 101～741 mg/kg，2010—2020 年土壤速效钾平均增加 53 mg/kg（表 4-67）。

表 4-67　速效钾含量 5 级地分布　　　　　　　　　　单位：mg/kg

地区	平均值		最大值		最小值	
	2010 年	2020 年	2010 年	2020 年	2010 年	2020 年
三河市	147	262	169	311	136	158
大厂回族自治县	147	124	151	140	139	118
香河县	142	151	162	194	126	130
广阳区	127	155	186	204	107	121
安次区	—	234	243	327	140	150
永清县	163	183	198	239	111	137
固安县	143	261	182	377	115	209
霸州市	158	193	192	252	102	148
文安县	112	175	181	244	83	138
大城县	181	351	225	741	89	101
平均值	151	204	243	741	83	101

（8）排水能力。廊坊市 5 级地排水能力处于"充分满足""满足""基本满足"和"不满足"状态。用行政区划图与耕地质量等级图叠加联合形成行政区划耕地质量等级综合图，对栅格数据统计，2020 年处于"充分满足"和"满足"状态耕地较 2010 年分别增加 1 731.04 hm² 和 11 502.20 hm²，处于"基本满足"和"不满足"状态耕地分别减少 24 946.82 hm² 和 3 369.04 hm²（表 4-68）。

表 4-68 排水能力 5 级地分布   单位：hm²

地区	充分满足		满足		基本满足		不满足	
	2010 年	2020 年	2010 年	2020 年	2010 年	2020 年	2010 年	2020 年
三河市	—	—	144. 16	—	1 190. 89	154. 66	1 782. 02	—
大厂回族自治县	17. 15	105. 79	23. 90	—	—	—	31. 24	
香河县	—	—	—	—	3 693. 14	692. 28	1 425. 49	—
广阳区	—	1 041. 64	1. 13	—	3 129. 03		110. 26	
安次区	—	—	—	—	8 202. 55	11 000. 94		
永清县	—	—	1 620. 92	14 073. 49	772. 48	—	700. 26	
固安县	—	600. 76	17 460. 86	5 362. 43	—	—		
霸州市	—	—	—	12 838. 53	18 459. 27			
文安县	—	—	2 511. 92	2 086. 11	24 626. 37	24 662. 94	—	874. 61
大城县	—	—	1 095. 47	—	3 464. 06	2 080. 15	194. 38	—
合计	17. 15	1 748. 19	22 858. 36	34 360. 56	63 537. 79	38 590. 97	4 243. 65	874. 61

（9）pH 值。廊坊市 5 级地 2010 年土壤 pH 值为 8.3，2020 年为 8.5。利用行政区划图与耕地质量等级图叠加联合形成行政区划耕地质量等级综合图，对栅格数据统计，2010 年土壤 pH 值变幅 6.1~9.2，2020 年变幅 7.8~8.9，2010—2020 年土壤 pH 值平均增加 0.2 个单位（表 4-69）。

表 4-69 土壤 pH 值 5 级地分布

地区	平均值		最大值		最小值	
	2010 年	2020 年	2010 年	2020 年	2010 年	2020 年
三河市	6. 7	8. 0	8. 4	8. 1	6. 1	7. 8
大厂回族自治县	7. 4	8. 3	8. 2	8. 5	6. 1	8. 2
香河县	8. 1	8. 1	8. 7	8. 3	7. 4	8. 0
广阳区	8. 2	8. 8	8. 9	8. 9	7. 6	8. 7
安次区	8. 7	8. 6	9. 2	8. 7	7. 8	8. 5
永清县	8. 7	8. 5	9. 2	8. 8	7. 2	8. 4
固安县	8. 3	8. 4	8. 7	8. 5	7. 6	8. 3
霸州市	8. 2	8. 6	9. 0	8. 8	7. 2	8. 4
文安县	8. 4	8. 6	8. 9	8. 7	7. 2	8. 5
大城县	8. 1	8. 1	8. 5	8. 1	7. 9	8. 0
平均值	8. 3	8. 5	9. 2	8. 9	6. 1	7. 8

（10）土壤容重。廊坊市 5 级地 2010 年土壤容重为 1.37 g/cm³，2020 年为 1.40 g/cm³。利用行政区划图与耕地质量等级图叠加联合形成行政区划耕地质量等级综合图，对栅格数据统计，2010 年土壤容重变幅 0.99~1.74 g/cm³，2020 年变幅 1.05~1.53 g/cm³，2010—2020 年土壤容重增加 0.03 g/cm³（表 4-70）。

表 4-70 土壤容重 5 级地分布　　　　　　　　　单位：g/cm³

地区	平均值		最大值		最小值	
	2010 年	2020 年	2010 年	2020 年	2010 年	2020 年
三河市	1.40	1.40	1.66	1.44	1.18	1.37
大厂回族自治县	1.31	1.32	1.66	1.37	1.18	1.28
香河县	1.41	1.35	1.64	1.38	1.15	1.33
广阳区	1.42	1.33	1.63	1.39	1.10	1.26
安次区	1.39	1.39	1.70	1.53	1.13	1.27
永清县	1.48	1.48	1.64	1.52	1.11	1.45
固安县	1.23	1.12	1.57	1.22	0.99	1.05
霸州市	1.40	1.41	1.63	1.52	1.16	1.22
文安县	1.42	1.41	1.61	1.44	1.25	1.36
大城县	1.41	1.44	1.74	1.46	1.32	1.39
平均值	1.37	1.40	1.74	1.53	0.99	1.05

（11）盐渍化程度。廊坊市 5 级地盐渍化程度处于"无"和"轻度"状态。用行政区划图与耕地质量等级图叠加联合形成行政区划耕地质量等级综合图，对栅格数据区域统计，2020 年盐渍化程度处于"无"耕地面积较 2010 年减少 15 156.27 hm²，处于"轻度"耕地面积增加 73.65 hm²（表 4-71）。

表 4-71 盐渍化程度 5 级地分布　　　　　　　　　单位：hm²

地区	无		轻度	
	2010 年	2020 年	2010 年	2020 年
三河市	3 117.07	154.66	—	—
大厂回族自治县	72.29	105.79	—	—
香河县	4 753.67	692.28	364.96	—
广阳区	3 240.42	1 041.64	—	—
安次区	8 202.55	11 000.94	—	—

（续表）

地区	无		轻度	
	2010 年	2020 年	2010 年	2020 年
永清县	3 093.66	14 073.49	—	—
固安县	17 460.86	5 963.19	—	—
霸州市	18 459.27	12 838.53	—	—
文安县	27 138.29	27 623.66	—	—
大城县	4 597.25	1 484.88	156.66	595.27
合计	90 135.33	74 979.06	521.62	595.27

（12）地下水埋深。廊坊市 5 级地地下水埋深均处于"≥3 m"状态。用行政区划图与耕地质量等级图叠加联合形成行政区划耕地质量等级综合图，对栅格数据区域统计，2020 年处于"≥3 m"状态耕地面积较 2010 年减少15 082.62 hm² （表4-72）。

表 4-72　地下水埋深 5 级地分布　　　　　　　　　　　　　单位：hm²

地区	≥3 m	
	2010 年	2020 年
三河市	3 117.07	154.66
大厂回族自治县	72.29	105.79
香河县	5 118.63	692.28
广阳区	3 240.42	1 041.64
安次区	8 202.55	11 000.94
永清县	3 093.66	14 073.49
固安县	17 460.86	5 963.19
霸州市	18 459.27	12 838.53
文安县	27 138.29	27 623.66
大城县	4 753.91	2 080.15
合计	90 656.95	75 574.33

（13）障碍因素。廊坊市 5 级地处于"无"和"夹砂层"障碍因素。用行政区划图与耕地质量等级图叠加联合形成行政区划耕地质量等级综合图，对栅格数据区域统计，2020 年"无"障碍耕地面积较 2010 年减少12 069.14 hm²，2020 年"夹砂层"障碍耕地面积较 2010 年减少3 013.48 hm²（表4-73）。

表 4-73　障碍因素 5 级地分布　　　　　　　　　　　单位：hm²

地区	无		夹砂层	
	2010 年	2020 年	2010 年	2020 年
三河市	2 972.91	154.66	144.16	—
大厂回族自治县	31.24	63.94	41.05	41.85
香河县	4 520.79	658.28	597.84	34.00
广阳区	3 130.16	1 041.64	110.26	—
安次区	7 844.58	11 000.94	357.97	—
永清县	3 093.66	14 073.49	—	—
固安县	17 460.86	5 963.19	—	—
霸州市	18 422.54	12 838.53	36.73	—
文安县	25 478.80	27 623.66	1 659.49	—
大城县	4 612.08	2 080.15	141.83	—
合计	87 567.62	75 498.48	3 089.33	75.85

（14）耕层厚度。廊坊市 5 级地耕层厚度处于"≥20 cm"和"[15，20）cm"状态。用行政区划图与耕地质量等级图叠加联合形成行政区划耕地质量等级综合图，对栅格数据区域统计，2020 年处于"≥20 cm"和"[15，20）cm"状态耕地较 2010 年分别减少 5 843.17 hm²和 9 239.45 hm²（表 4-74）。

表 4-74　耕层厚度 5 级地分布　　　　　　　　　　　单位：hm²

地区	≥20 cm		[15，20）cm	
	2010 年	2020 年	2010 年	2020 年
三河市	2 782.96	154.66	334.11	—
大厂回族自治县	31.24	—	41.05	105.79
香河县	631.37	84.64	4 487.26	607.64
广阳区	3 240.42	1 041.64	—	—
安次区	8 202.55	11 000.94	—	—
永清县	3 093.66	14 073.49	—	—
固安县	17 460.86	5 963.19	—	—
霸州市	16 845.30	12 838.53	1 613.97	—

（续表）

地区	≥20 cm		[15, 20) cm	
	2010 年	2020 年	2010 年	2020 年
文安县	7 820.93	7 734.16	19 317.36	19 889.50
大城县	705.28	2 080.15	4 048.63	—
合计	60 814.57	54 971.40	29 842.38	20 602.93

（15）农田林网化。廊坊市 5 级地农田林网化处于"高""中"和"低"状态。用行政区划图与耕地质量等级图叠加联合形成行政区划耕地质量等级综合图，对栅格数据区域统计，2020 年农田林网化处于"高"状态耕地较 2010 年增加16 841.01 hm²，处于"中"状态耕地增加30 098.50 hm²，处于"低"状态耕地减少62 022.13 hm²（表 4-75）。

表 4-75　农田林网化 5 级地分布　　　　　　　单位：hm²

地区	高		中		低	
	2010 年	2020 年	2010 年	2020 年	2010 年	2020 年
三河市	—	—	—	—	3 117.07	154.66
大厂回族自治县	—	105.79	—	—	72.29	—
香河县	—	193.55	—	478.86	5 118.63	19.87
广阳区	—	1 041.64	—	—	3 240.42	—
安次区	—	—	—	11 000.94	8 202.55	—
永清县	—	14 073.49	—	—	3 093.66	—
固安县	—	—	—	—	17 460.86	5 963.19
霸州市	—	—	—	—	18 459.27	12 838.53
文安县	—	1 426.54	—	18 618.70	27 138.29	7 578.42
大城县	—	—	—	—	4 753.91	2 080.15
合计	—	16 841.01	—	30 098.50	90 656.95	28 634.82

（16）生物多样性。廊坊市 5 级地生物多样性处于"丰富""一般"和"不丰富"状态。用行政区划图与耕地质量等级图叠加联合形成行政区划耕地质量等级综合图，对栅格数据区域统计，2020 年生物多样性处于"丰富"耕地较 2010 年增加9 484.36 hm²，处于

"一般"耕地减少7 161.21 hm²，处于"不丰富"耕地减少17 405.77 hm²（表4-76）。

表4-76 生物多样性5级地分布

单位：hm²

地区	丰富		一般		不丰富	
	2010年	2020年	2010年	2020年	2010年	2020年
三河市	3 113.88	154.66	3.19	—	—	—
大厂回族自治县	72.29	105.79	—	—	—	—
香河县	—	—	5 118.63	692.28	—	—
广阳区	1.13	1 041.64	3 239.29	—	—	—
安次区	60.74	—	8 141.81	11 000.94	—	—
永清县	2 643.18	14 073.49	73.51	—	376.97	—
固安县	—	—	—	—	17 460.86	5 963.19
霸州市	—	—	1 613.97	—	16 845.30	12 838.53
文安县	—	—	26 556.29	27 623.66	582.00	—
大城县	—	—	1 731.40	—	3 022.51	2 080.15
合计	5 891.22	15 375.58	46 478.09	39 316.88	38 287.64	20 881.87

（17）清洁程度。廊坊市5级地清洁程度处于"清洁"状态。用行政区划图与耕地质量等级图叠加联合形成行政区划耕地质量等级综合图，对栅格数据区域统计，2020年处于"清洁"状态耕地较2010年减少15 082.62 hm²（表4-77）。

表4-77 清洁程度5级地分布

单位：hm²

地区	≥3 m	
	2010年	2020年
三河市	3 117.07	154.66
大厂回族自治县	72.29	105.79
香河县	5 118.63	692.28
广阳区	3 240.42	1 041.64
安次区	8 202.55	11 000.94
永清县	3 093.66	14 073.49

（续表）

地区	≥3 m	
	2010 年	2020 年
固安县	17 460.86	5 963.19
霸州市	18 459.27	12 838.53
文安县	27 138.29	27 623.66
大城县	4 753.91	2 080.15
合计	90 656.95	75 574.33

（六）6 级地耕地质量特征

1. 空间分布

表 4-78 表明，2010 年廊坊市 6 级地面积 68 314.69 hm²，占总耕地的 24.70%；2020 年 6 级地 48 109.37 hm²，占总耕地的 17.39%，6 级地面积减少。2010—2020 年，大城县和大厂回族自治县 6 级地面积分别增加 8 237.94 hm² 和 364.22 hm²；三河市、霸州市、广阳区、香河县、安次区、固安县、文安县、永清县面积减少，其中永清县减少最多，为 11 248.61 hm²，其次是文安县，减少 8 804.40 hm²。

表 4-78　6 级地面积与分布

地区	2010 年		2020 年	
	面积/hm²	占 6 级地面积/%	面积/hm²	占 6 级地面积/%
三河市	198.05	0.29	74.45	0.15
大厂回族自治县	45.65	0.07	409.87	0.85
香河县	1 427.93	2.09	—	—
广阳区	1 027.91	1.50	265.68	0.55
安次区	6 581.11	9.63	5 027.21	10.45
永清县	13 542.05	19.82	2 293.44	4.77
固安县	6 975.43	10.21	2 295.16	4.77
霸州市	3 378.64	4.95	3 172.10	6.59
文安县	15 000.98	21.96	6 196.58	12.88
大城县	20 136.94	29.48	28 374.88	58.98
合计	68 314.69	100.00	48 109.37	100.00

2. 属性特征

（1）灌溉能力。廊坊市 6 级地灌溉能力处于"充分满足""满足""基本满足"和"不满足"状态。用行政区划图与耕地质量等级图叠加联合形成行政区划耕地质量等级综合图，对栅格数据区域统计，2020 年处于"充分满足"状态面积较 2010 年增加 4.24 hm²；"满足""基本满足"和"不满足"状态面积较 2010 年分别减少 1 993.35 hm²、11 838.85 hm² 和 6 377.36 hm²（表 4-79）。

表 4-79　灌溉能力 6 级地分布　　　　　单位：hm²

地区	充分满足		满足		基本满足		不满足	
	2010 年	2020 年	2010 年	2020 年	2010 年	2020 年	2010 年	2020 年
三河市	—	—	—	—	198.05	74.45	—	—
大厂回族自治县	—	—	45.65	—	—	409.87	—	—
香河县	—	—	—	—	1 427.93	—	—	—
广阳区	—	—	55.90	265.68	934.17	—	37.84	—
安次区	—	—	—	87.46	4 684.99	4 939.75	1 896.12	—
永清县	—	—	4 482.11	2 293.44	9 017.69	—	42.25	—
固安县	—	—	58.03	497.10	5 040.09	1 791.25	1 877.31	6.81
霸州市	—	—	—	—	861.64	3 172.10	2 517.00	—
文安县	—	—	—	2.01	—	88.87	15 000.98	6 105.70
大城县	—	4.24	497.35	—	150.58	—	19 489.01	28 370.64
合计	—	4.24	5 139.04	3 145.69	22 315.14	10 476.29	40 860.51	34 483.15

（2）耕层质地。廊坊市 6 级地质地为中壤、轻壤、重壤、黏土、砂壤、砂土。用行政区划图与耕地质量等级图叠加联合形成行政区划耕地质量等级综合图，对栅格数据区域统计，2020 年中壤耕地面积较 2010 年减少 8 555.02 hm²，轻壤减少 3 124.37 hm²，重壤减少 1 800.10 hm²，黏土减少 5 015.05 hm²，砂壤减少 3 959.12 hm²，砂土增加 2 248.34 hm²（表 4-80）。

单位：hm²

表4-80 耕层质地6级地分布

地区	中壤		轻壤		重壤		黏土		砂壤		砂土	
	2010年	2020年	2010年	2020年	2010年	2020年	2010年	2020年	2010年	2020年	2010年	2020年
三河市	—	—	—	—	—	—	—	—	—	—	198.05	74.45
大厂回族自治县	—	11.18	—	202.17	—	—	—	31.36	45.65	165.16	—	—
香河县	—	—	794.45	—	—	—	—	—	522.06	—	111.42	—
广阳区	—	—	37.84	—	—	—	—	—	662.91	—	327.16	265.68
安次区	644.78	15.86	476.29	126.03	—	—	1 436.42	352.11	3 018.95	2 270.53	1 004.67	2 262.68
永清县	1 209.86	—	6 387.81	—	—	—	148.58	—	5 795.80	1 116.83	—	1 176.61
固安县	854.17	25.95	3 574.22	57.16	—	—	344.34	—	2 202.70	1 461.25	—	750.80
霸州市	—	—	811.99	—	1 269.35	78.97	435.67	—	66.81	2 969.46	794.82	123.67
文安县	7 180.80	264.67	1 116.17	3 315.82	609.72	—	6 094.29	2 525.21	—	64.55	—	26.33
大城县	6 504.38	7 521.31	13 632.56	20 005.78	—	—	—	535.57	—	307.98	—	4.24
合计	16 393.99	7 838.97	26 831.33	23 706.96	1 879.07	78.97	8 459.30	3 444.25	12 314.88	8 355.76	2 436.12	4 684.46

（3）有效土层厚。廊坊市 6 级地有效土层厚处于"≥100 cm""[60，100）cm"和"[30，60）cm"状态。用行政区划图与耕地质量等级图叠加联合形成行政区划耕地质量等级综合图，对栅格数据区域统计，2020 年处于"≥100 cm"状态耕地面积较 2010年减少 19 751.24 hm²，处于"[60，100）cm"状态耕地面积增加 219.80 hm²，处于"[30，60）cm"状态耕地面积减少 673.88 hm²（表 4-81）。

表 4-81　有效土层厚 6 级地分布　　　　　　单位：hm²

地区	≥100 cm		[60，100）cm		[30，60）cm	
	2010 年	2020 年	2010 年	2020 年	2010 年	2020 年
三河市	198.05	74.45	—	—	—	—
大厂回族自治县	—	—	—	—	45.65	409.87
香河县	111.42	—	278.41	—	1 038.10	
广阳区	1 027.91	265.68	—	—	—	—
安次区	6 581.11	5 027.21	—	—	—	—
永清县	13 542.05	2 293.44	—	—	—	—
固安县	6 772.09	1 593.61	203.34	701.55	—	—
霸州市	3 378.64	3 172.10	—	—	—	—
文安县	15 000.98	6 196.58	—	—	—	—
大城县	20 136.94	28 374.88	—	—	—	—
合计	66 749.19	46 997.95	481.75	701.55	1 083.75	409.87

（4）质地构型。廊坊市 6 级地质地构型处于"上松下紧型""通体壤""紧实型""夹层型""海绵型""上紧下松型"和"松散型"状态。用行政区划图与耕地质量等级图叠加联合形成行政区划耕地质量等级综合图，对栅格数据区域统计，2020 年"上松下紧型""通体壤""夹层型""海绵型""上紧下松型"和"松散型"状态耕地面积分别减少 5 274.65 hm²、1 603.26 hm²、1 300.29 hm²、10 237.73 hm²、1 678.82 hm²和 636.76 hm²；"紧实型"状态耕地面积增加 526.19 hm²（表 4-82）。

表 4-82 质地构型 6 级地分布

单位：hm²

地区	上松下紧型		通体壤		紧实型		夹层型		海绵型		上紧下松型		松散型	
	2010年	2020年	2010年	2020年	2010年	2020年	2010年	2020年	2010年	2020年	2010年	2020年	2010年	2020年
三河市	—	—	—	—	198.05	—	—	—	—	74.45	—	—	—	—
大厂回族自治县	—	—	—	—	—	—	—	—	—	—	—	—	45.65	409.87
香河县	—	—	842.57	—	—	—	306.95	—	—	—	—	—	278.41	—
广阳区	1 027.33	265.68	—	—	0.58	—	—	—	—	—	—	—	—	—
安次区	4 549.24	3 492.78	—	—	794.31	266.60	—	—	—	—	611.68	231.93	625.88	1 035.90
永清县	124.42	—	760.69	—	423.35	205.10	232.51	—	10 597.99	954.93	—	—	1 403.09	1 133.41
固安县	—	10.28	—	—	32.64	—	1 429.46	668.63	1 807.48	548.04	1 774.73	—	1 931.12	1 068.21
霸州市	2 942.97	3 172.10	—	—	435.67	—	—	—	—	—	—	—	—	—
文安县	6 442.92	2 871.39	—	—	8 558.06	2 259.21	—	—	—	590.32	—	475.66	—	—
大城县	—	—	—	—	20 136.94	28 374.88	—	—	—	—	—	—	—	—
合计	15 086.88	9 812.23	1 603.26	—	30 579.60	31 105.79	1 968.92	668.63	12 405.47	2 167.74	2 386.41	707.59	4 284.15	3 647.39

（5）有机质。廊坊市 6 级地 2010 年土壤有机质平均为 14.4 g/kg，2020 年平均为 14.1 g/kg。利用行政区划图与耕地质量等级图叠加联合形成行政区划耕地质量等级综合图，对栅格数据区域统计，2010 年土壤有机质变幅 7.9~22.5 g/kg，2020 年变幅 5.3~25.2 g/kg，2010—2020 年土壤有机质平均减少 0.3 g/kg（表 4-83）。

表 4-83　有机质含量 6 级地分布　　　　单位：g/kg

地区	平均值		最大值		最小值	
	2010 年	2020 年	2010 年	2020 年	2010 年	2020 年
三河市	17.2	19.6	17.2	20.6	17.2	18.6
大厂回族自治县	19.2	15.0	19.2	17.4	19.2	14.2
香河县	16.8	—	19.0	—	15.4	—
广阳区	19.0	12.9	22.5	13.9	13.1	10.1
安次区	15.8	14.7	21.0	25.2	11.1	9.4
永清县	1.1	13.6	19.9	15.6	7.9	12.3
固安县	14.6	11.8	16.2	18.1	11.0	7.7
霸州市	15.3	10.0	17.1	17.7	12.9	5.3
文安县	15.3	16.1	19.2	22.6	12.6	13.9
大城县	14.8	14.4	16.4	16.9	11.4	12.3
平均值	14.4	14.1	22.5	25.2	7.9	5.3

（6）有效磷。廊坊市 6 级地 2010 年土壤有效磷平均为 29.2 mg/kg，2020 年平均为 20.7 mg/kg。利用行政区划图与耕地质量等级图叠加联合形成行政区划耕地质量等级综合图，对栅格数据统计，2010 年土壤有效磷变幅 4.9~71.1 mg/kg，2020 年变幅 1.4~86.0 mg/kg，2010—2020 年土壤有效磷平均值减少 8.5 mg/kg（表 4-84）。

表 4-84　有效磷含量 6 级地分布　　　　单位：mg/kg

地区	平均值		最大值		最小值	
	2010 年	2020 年	2010 年	2020 年	2010 年	2020 年
三河市	28.9	40.3	28.9	44.8	28.9	35.5
大厂回族自治县	34.2	28.1	34.2	44.7	34.2	20.4
香河县	30.3	—	36.2	—	23.9	—
广阳区	30.0	17.2	32.4	62.2	22.4	10.9
安次区	19.2	21.9	32.0	57.3	13.2	10.3
永清县	20.4	15.0	27.0	86.0	9.5	1.4

（续表）

地区	平均值		最大值		最小值	
	2010 年	2020 年	2010 年	2020 年	2010 年	2020 年
固安县	26.7	37.6	32.6	50.8	19.8	18.8
霸州市	19.2	12.6	25.3	26.3	6.1	5.2
文安县	8.4	15.5	34.9	23.2	4.9	10.1
大城县	46.4	20.8	71.1	62.9	17.8	7.5
平均值	29.2	20.7	71.1	86.0	4.9	1.4

（7）速效钾。廊坊市 6 级地 2010 年土壤速效钾平均为 157 mg/kg，2020 年平均为 207 mg/kg。利用行政区划图与耕地质量等级图叠加联合形成行政区划耕地质量等级综合图，对栅格数据统计，2010 年土壤速效钾变幅 84～239 mg/kg，2020 年变幅 85～802 mg/kg，2010—2020 年土壤速效钾平均增加 50 mg/kg（表 4-85）。

表 4-85　速效钾含量 6 级地分布　　　　　　　　单位：mg/kg

地区	平均值		最大值		最小值	
	2010 年	2020 年	2010 年	2020 年	2010 年	2020 年
三河市	150	231	150	305	150	195
大厂回族自治县	168	125	168	136	168	120
香河县	143	—	159	—	133	—
广阳区	121	160	193	202	106	126
安次区	199	225	236	321	119	152
永清县	142	177	198	226	106	134
固安县	133	237	172	308	109	165
霸州市	153	170	190	232	107	139
文安县	121	171	169	245	84	138
大城县	174	215	239	802	125	85
平均值	157	207	239	802	84	85

（8）排水能力。廊坊市 6 级地排水能力处于"充分满足""满足""基本满足"和"不满足"状态。用行政区划图与耕地质量等级图叠加联合形成行政区划耕地质量等级综合图，对栅格数据统计，2020 年处于"充分满足"状态耕地较 2010 年增加 1 839.47 hm²，处于"满足""基本满足"和"不满足"状态耕地分别减少 5 049.65 hm²、188.30 hm² 和 16 806.84 hm²（表 4-86）。

表 4-86　排水能力 6 级地分布　　　　　　　　　单位：hm²

地区	充分满足		满足		基本满足		不满足	
	2010 年	2020 年	2010 年	2020 年	2010 年	2020 年	2010 年	2020 年
三河市	—	—	—	—	198.05	74.45	—	—
大厂回族自治县	—	409.87	45.65	—	—	—	—	—
香河县	—	—	—	—	391.39	—	1 036.54	—
广阳区	—	265.68	—	—	1 004.14	—	23.77	—
安次区	—	—	—	—	5 743.25	5 027.21	837.86	—
永清县	—	—	4 717.60	2 293.44	6 463.02	—	2 361.43	—
固安县	—	1 163.92	6 885.19	1 131.24	32.64	—	57.60	—
霸州市	—	—	—	3 172.10	3 226.41	—	152.23	—
文安县	—	—	—	2.01	7 240.71	6 194.57	7 760.27	—
大城县	—	—	—	—	15 559.80	28 374.88	4 577.14	—
合计	—	1 839.47	11 648.44	6 598.79	39 859.41	39 671.11	16 806.84	—

（9）pH 值。廊坊市 6 级地 2010 年土壤 pH 值为 8.4，2020 年为 8.3。利用行政区划图与耕地质量等级图叠加联合形成行政区划耕地质量等级综合图，对栅格数据统计，2010 年土壤 pH 值变幅 7.0~9.3，2020 年变幅 7.9~8.8，2010—2020 年土壤 pH 值平均减少 0.1 个单位（表 4-87）。

表 4-87　pH 值 6 级地分布

地区	平均值		最大值		最小值	
	2010 年	2020 年	2010 年	2020 年	2010 年	2020 年
三河市	7.0	8.0	7.0	8.1	7.0	8.0
大厂回族自治县	7.8	8.3	7.8	8.5	7.8	8.2
香河县	8.0	—	8.2	—	7.5	—
广阳区	8.4	8.7	8.9	8.8	7.4	8.7
安次区	8.6	8.6	9.0	8.8	7.9	8.5
永清县	8.7	8.5	9.3	8.7	8.1	8.4
固安县	8.4	8.4	8.9	8.5	8.0	8.3

（续表）

地区	平均值		最大值		最小值	
	2010 年	2020 年	2010 年	2020 年	2010 年	2020 年
霸州市	8.6	8.6	8.9	8.8	8.2	8.5
文安县	8.4	8.6	8.6	8.7	8.0	8.5
大城县	8.1	8.1	8.8	8.2	7.3	7.9
平均值	8.4	8.3	9.3	8.8	7.0	7.9

（10）土壤容重。廊坊市 6 级地 2010 年土壤容重为 1.41g/cm³，2020 年为 1.40 g/cm³。利用行政区划图与耕地质量等级图叠加联合形成行政区划耕地质量等级综合图，对栅格数据统计，2010 年土壤容重变幅 1.00～1.68 g/cm³，2020 年变幅 1.10～1.52 g/cm³，2010—2020 年土壤容重减小 0.01 g/cm³（表 4-88）。

表 4-88　土壤容重 6 级地分布　　　　　　　单位：g/cm³

地区	平均值		最大值		最小值	
	2010 年	2020 年	2010 年	2020 年	2010 年	2020 年
三河市	1.44	1.40	1.44	1.42	1.44	1.40
大厂回族自治县	1.23	1.34	1.23	1.38	1.23	1.27
香河县	1.38	—	1.46	—	1.30	—
广阳区	1.30	1.32	1.57	1.38	1.16	1.26
安次区	1.36	1.38	1.67	1.52	1.10	1.27
永清县	1.48	1.48	1.62	1.52	1.07	1.45
固安县	1.15	1.13	1.54	1.22	1.00	1.10
霸州市	1.41	1.39	1.65	1.52	1.23	1.26
文安县	1.45	1.41	1.59	1.44	1.23	1.37
大城县	1.44	1.43	1.68	1.47	1.34	1.38
平均值	1.41	1.40	1.68	1.52	1.00	1.10

（11）盐渍化程度。廊坊市 6 级地盐渍化程度处于"无"和"轻度"状态。用行政区划图与耕地质量等级图叠加联合形成行政区划耕地质量等级综合图，对栅格数据区域统计，2020 年盐渍化程度处于"无"耕地面积较 2010 年减少 20 402.62 hm²，处于

"轻度"耕地增加 197.32 hm² （表 4-89）。

表 4-89　盐渍化程度 6 级地分布

单位：hm²

地区	无		轻度	
	2010 年	2020 年	2010 年	2020 年
三河市	198.05	74.45	—	—
大厂回族自治县	45.65	409.87	—	—
香河县	1 427.93	—	—	—
广阳区	1 027.91	265.68	—	—
安次区	6 581.11	5 027.21	—	—
永清县	13 542.05	2 293.44	—	—
固安县	6 975.43	2 295.16	—	—
霸州市	3 378.64	3 172.10	—	—
文安县	15 000.98	6 196.59	—	—
大城县	13 298.97	21 339.60	6 837.97	7 035.29
合计	61 476.72	41 074.10	6 837.97	7 035.29

（12）地下水埋深。廊坊市 6 级地地下水埋深均处于"≥3 m"状态。用行政区划图与耕地质量等级图叠加联合形成行政区划耕地质量等级综合图，对栅格数据区域统计，2020 年处于"≥3 m"状态耕地面积较 2010 年减少 20 205.32 hm²（表 4-90）。

表 4-90　地下水埋深 6 级地分布

单位：hm²

地区	≥3 m	
	2010 年	2020 年
三河市	198.05	74.45
大厂回族自治县	45.65	409.87
香河县	1 427.93	—
广阳区	1 027.91	265.68
安次区	6 581.11	5 027.21
永清县	13 542.05	2 293.44
固安县	6 975.43	2 295.16
霸州市	3 378.64	3 172.10

（续表）

地区	≥3 m	
	2010 年	2020 年
文安县	15 000.98	6 196.58
大城县	20 136.94	28 374.88
合计	68 314.69	48 109.37

（13）障碍因素。廊坊市 6 级地处于"无"以及"夹砂层"障碍因素。用行政区划图与耕地质量等级图叠加联合形成行政区划耕地质量等级综合图，对栅格数据区域统计，2020 年"无"障碍耕地面积较 2010 年减少 18 498.49 hm²，2020 年"夹砂层"障碍耕地面积较 2010 年减少 1 706.83 hm²（表 4-91）。

表 4-91 障碍因素 6 级地分布 单位：hm²

地区	无		夹砂层	
	2010 年	2020 年	2010 年	2020 年
三河市	198.05	74.45	—	—
大厂回族自治县	—	—	45.65	409.87
香河县	1 427.93	—	—	—
广阳区	1 004.14	265.68	23.77	—
安次区	4 685.00	5 027.21	1 896.12	—
永清县	13 422.15	2 293.44	119.89	—
固安县	6 975.43	1 628.34	—	666.82
霸州市	3 378.64	3 172.10	—	—
文安县	14 302.89	6 196.58	698.09	—
大城县	20 136.94	28 374.88	—	—
合计	65 531.17	47 032.68	2 783.52	1 076.69

（14）耕层厚度。廊坊市 6 级地耕层厚度处于"≥20 cm"和"[15，20) cm"状态。用行政区划图与耕地质量等级图叠加联合形成行政区划耕地质量等级综合图，对栅格数据区域统计，2020 年处于"≥20 cm"和"[15，20) cm"状态耕地较 2010 年分别减少 7 011.55 hm²和 13 193.77 hm²（表 4-92）。

表 4-92 耕层厚度 6 级地分布 单位：hm²

地区	≥20 cm		[15, 20) cm	
	2010 年	2020 年	2010 年	2020 年
三河市	198.05	74.45	—	—
大厂回族自治县	—	—	45.65	409.87
香河县	278.41	—	1 149.52	—
广阳区	1 027.91	265.68	—	—
安次区	6 581.11	5 027.21	—	—
永清县	13 542.05	2 293.44	—	—
固安县	6 975.43	2 295.16	—	—
霸州市	3 226.41	3 172.10	152.23	—
文安县	7 668.47	1 513.57	7 332.51	4 683.01
大城县	10 530.20	28 374.88	9 606.74	—
合计	50 028.04	43 016.49	18 286.65	5 092.88

（15）农田林网化。廊坊市 6 级地农田林网化处于"高""中"和"低"状态。用行政区划图与耕地质量等级图叠加联合形成行政区划耕地质量等级综合图，对栅格数据区域统计，2020 年农田林网化处于"高"状态耕地较 2010 年增加 3 444.65 hm²，处于"中"状态耕地增加 7 957.31 hm²，处于"低"状态耕地减少 3 1607.28 hm²（表 4-93）。

表 4-93 农田林网化 6 级地分布 单位：hm²

地区	高		中		低	
	2010 年	2020 年	2010 年	2020 年	2010 年	2020 年
三河市	—	—	—	—	198.05	74.45
大厂回族自治县	—	409.87	—	—	45.65	—
香河县	—	—	—	—	1 427.93	—
广阳区	—	265.68	—	—	1 027.91	—
安次区	—	—	—	5 027.21	6 581.11	—
永清县	—	2 293.44	—	—	13 542.05	—
固安县	—	—	—	—	6 975.43	2 295.16
霸州市	—	—	—	—	3 378.64	3 172.10

（续表）

地区	高		中		低	
	2010 年	2020 年	2010 年	2020 年	2010 年	2020 年
文安县	—	475.66	—	2 930.10	15 000.98	2 790.82
大城县	—	—	—	—	20 136.94	28 374.88
合计	—	3 444.65	—	7 957.31	68 314.69	36 707.41

（16）生物多样性。廊坊市 6 级地生物多样性处于"丰富""一般"和"不丰富"状态。用行政区划图与耕地质量等级图叠加联合形成行政区划耕地质量等级综合图，对栅格数据区域统计，2020 年生物多样性处于"丰富"和"一般"耕地较 2010年分别减少10 544.21 hm² 和12 755.86 hm²，处于"不丰富"耕地增加3 094.75 hm²（表4-94）。

表 4-94　生物多样性 6 级地分布　　　　　　　　　　　　单位：hm²

地区	丰富		一般		不丰富	
	2010 年	2020 年	2010 年	2020 年	2010 年	2020 年
三河市	198.05	74.45	—	—	—	—
大厂回族自治县	45.65	409.87	—	—	—	—
香河县	—	—	1 427.93	—	—	—
广阳区	0.58	265.68	1 027.33	—	—	—
安次区	—	—	6 581.11	5 027.21	—	—
永清县	13 185.12	2 293.44	124.42	—	232.51	—
固安县	158.25	—	—	—	6 817.18	2 295.16
霸州市	—	—	435.67	—	2 942.97	3 172.10
文安县	—	—	14 383.19	6 196.58	617.79	—
大城县	—	—	—	—	20 136.94	28 374.88
合计	13 587.65	3 043.44	23 979.65	11 223.79	30 747.39	33 842.14

（17）清洁程度。廊坊市 6 级地清洁程度处于"清洁"状态。用行政区划图与耕地质量等级图叠加联合形成行政区划耕地质量等级综合图，对栅格数据区域统计，2020年处于"清洁"状态耕地较 2010 年减少20 205.32 hm²（表4-95）。

表 4-95 清洁程度 6 级地分布 单位：hm²

地区	清洁	
	2010 年	2020 年
三河市	198.05	74.45
大厂回族自治县	45.65	409.87
香河县	1 427.93	—
广阳区	1 027.91	265.68
安次区	6 581.11	5 027.21
永清县	13 542.05	2 293.44
固安县	6 975.43	2 295.16
霸州市	3 378.64	3 172.10
文安县	15 000.98	6 196.58
大城县	20 136.94	28 374.88
合计	68 314.69	48 109.37

（七）7 级地耕地质量特征

1. 空间分布

表 4-96 表明，2010 年廊坊市 7 级地面积 48 710.83 hm²，占总耕地的 17.61%；2020 年 7 级地 21 565.86 hm²，占总耕地的 7.80%，7 级地面积减少。2010—2020 年，香河县、广阳区、固安县、安次区、霸州市、大城县、文安县、永清县面积均减少，其中永清县减少最多，为 6 054.12 hm²，其次是文安县，减少 5 628.01 hm²。

表 4-96 7 级地面积与分布

地区	2010 年		2020 年	
	面积/hm²	占 7 级地面积/%	面积/hm²	占 7 级地面积/%
香河县	62.38	0.13	—	—
广阳区	1 151.97	2.36	—	—
安次区	3 586.83	7.36	1 162.49	5.39
永清县	6 692.84	13.74	638.72	2.96
霸州市	2 844.10	5.84	1 125.35	5.22
固安县	7 250.76	14.89	2 230.61	10.34

（续表）

地区	2010 年		2020 年	
	面积/hm²	占 7 级地面积/%	面积/hm²	占 7 级地面积/%
文安县	5 696.26	11.69	68.25	0.32
大城县	21 425.69	43.99	16 340.44	75.77
合计	48 710.83	100.00	21 565.86	100.00

2. 属性特征

（1）灌溉能力。廊坊市 7 级地灌溉能力处于"满足""基本满足"和"不满足"状态。用行政区划图与耕地质量等级图叠加联合形成行政区划耕地质量等级综合图，对栅格数据区域统计，2020 年处于"基本满足"和"不满足"状态面积较 2010 年分别减少 9 193.69 hm² 和 18 147.66 hm²；"满足"状态面积增加 196.38 hm²（表 4-97）。

表 4-97　灌溉能力 7 级地分布　　　　　　　　　　　　单位：hm²

地区	满足		基本满足		不满足	
	2010 年	2020 年	2010 年	2020 年	2010 年	2020 年
香河县	—	—	62.38	—	—	—
广阳区	—	—	1 151.97	—	—	—
安次区	—	26.11	1 778.03	1 136.38	1 808.80	—
永清县	454.66	638.72	5 235.90	—	1 002.28	—
固安县	13.79	—	1 715.40	1 035.19	1 114.91	90.16
霸州市	—	—	3 652.19	2 230.61	3 598.57	—
文安县	—	—	—	—	5 696.26	68.25
大城县	—	—	—	—	21 425.69	16 340.44
合计	468.45	664.83	13 595.87	4 402.18	34 646.51	16 498.85

（2）耕层质地。廊坊市 7 级地质地为中壤、轻壤、重壤、黏土、砂壤和砂土。用行政区划图与耕地质量等级图叠加联合形成行政区划耕地质量等级综合图，对栅格数据区域统计，2020 年中壤、轻壤、重壤、黏土、砂壤和砂土较 2010 年分别减少 2 369.05 hm²、9 937.52 hm²、3 015.14 hm²、2 412.02 hm²、6 503.66 hm² 和 2 907.58 hm²（表 4-98）。

表 4-98　耕层质地 7 级地分布

单位：hm²

地区	中壤		轻壤		重壤		黏土		砂壤		砂土	
	2010 年	2020 年	2010 年	2020 年	2010 年	2020 年	2010 年	2020 年	2010 年	2020 年	2010 年	2020 年
香河县	—	—	—	—	—	—	—	—	—	—	62.38	—
广阳区	—	—	—	—	—	—	—	—	3.31	—	1 148.66	—
安次区	—	—	167.34	—	—	—	101.25	—	1 963.05	117.24	1 355.19	1 045.25
永清县	382.78	—	1 634.31	—	—	—	—	—	4 369.11	—	306.64	638.72
固安县	—	—	664.63	—	—	—	—	—	1 222.94	534.17	956.53	591.18
霸州市	—	—	—	—	2 809.95	—	788.62	—	—	—	3 652.19	2 230.61
文安县	2 002.33	—	1 966.59	—	205.19	—	1 522.15	—	—	—	—	68.25
大城县	1 083.83	1 099.89	20 116.07	14 611.42	—	—	—	—	225.79	629.13	—	—
合计	3 468.94	1 099.89	24 548.94	14 611.42	3 015.14	—	2 412.02	—	7 784.20	1 280.54	7 481.59	4 574.01

（3）有效土层厚。廊坊市 7 级地有效土层厚处于"≥100 cm""[60，100）cm"和"[30，60）cm"状态。用行政区划图与耕地质量等级图叠加联合形成行政区划耕地质量等级综合图，对栅格数据区域统计，2020 年处于"≥100 cm""[60，100）cm"和"[30，60）cm"状态面积较 2010 年分别减少26 258.33 hm²、824.26 hm²和62.38 hm²（表4-99）。

表 4-99　有效土层厚 7 级地分布

单位：hm²

地区	≥100 cm		[60，100）cm		[30，60）cm	
	2010 年	2020 年	2010 年	2020 年	2010 年	2020 年
香河县	—	—	—	—	62.38	—
广阳区	1 151.97	—	—	—	—	—
安次区	3 586.83	1 162.49	—	—	—	—
永清县	6 544.94	638.72	147.90	—	—	—
固安县	2 029.85	987.46	814.25	137.89	—	—
霸州市	7 250.76	2 230.61	—	—	—	—
文安县	5 696.26	68.25	—	—	—	—
大城县	21 425.69	16 340.44	—	—	—	—
合计	47 686.30	21 427.97	962.15	137.89	62.38	—

（4）质地构型。廊坊市 7 级地质地构型处于"上松下紧型""通体壤""紧实型""夹层型""海绵型""上紧下松型"和"松散型"状态。用行政区划图与耕地质量等级图叠加联合形成行政区划耕地质量等级综合图，对栅格数据区域统计，2020 年"上松下紧型""通体壤""紧实型""夹层型""海绵型""上紧下松型"和"松散型"状态耕地面积分别减少 9 681.55 hm²、62.38 hm²、6 923.17 hm²、187.96 hm²、6 363.74 hm²、1 343.93 hm²和2 582.24 hm²（表4-100）。

（5）有机质。廊坊市 7 级地 2010 年土壤有机质平均为 13.6 g/kg，2020 年平均为 13.0 g/kg。利用行政区划图与耕地质量等级图叠加联合形成行政区划耕地质量等级综合图，对栅格数据区域统计，2010 年土壤有机质变幅 7.1～22.5 g/kg，2020 年变幅 6.7～22.6 g/kg，2010—2020 年土壤有机质平均减少 0.6 g/kg（表4-101）。

表4-100　质地构型7级地分布

单位：hm²

地区	上松下紧型		通体壤		紧实型		夹层型		海绵型		上紧下松型		松散型	
	2010年	2020年	2010年	2020年	2010年	2020年	2010年	2020年	2010年	2020年	2010年	2020年	2010年	2020年
香河县	—	—	62.38	—	—	—	—	—	—	—	—	—	—	—
广阳区	1 148.66	—	—	—	—	—	—	—	3.31	—	—	—	—	—
安次区	2 630.64	655.06	—	—	366.00	142.98	—	—	47.89	—	—	47.54	542.30	316.91
永清县	10.29	—	—	—	—	—	102.10	—	4 690.86	173.88	—	—	1 889.59	464.84
固安县	10.20	—	—	—	—	—	223.75	137.89	690.59	—	—	—	1 919.56	987.46
霸州市	6 462.14	2 230.61	—	—	—	—	—	—	788.62	—	—	—	—	—
文安县	2 373.54	68.25	—	—	1 614.90	—	—	—	316.35	—	1 391.47	—	—	—
大城县	—	—	—	—	21 425.69	16 340.44	—	—	—	—	—	—	—	—
合计	12 635.47	2 953.92	62.38	—	23 406.59	16 483.42	325.85	137.89	6 537.62	173.88	1 391.47	47.54	4 351.45	1 769.21

表 4-101　有机质含量 7 级地分布　　　　　　单位：g/kg

地区	平均值		最大值		最小值	
	2010 年	2020 年	2010 年	2020 年	2010 年	2020 年
香河县	16.5	—	16.5	—	16.5	—
广阳区	18.2	—	22.0	—	9.5	—
安次区	15.9	13.3	20.5	21.2	9.0	8.3
永清县	9.8	13.3	17.2	15.4	7.1	12.2
固安县	14.2	10.3	16.3	13.1	10.7	7.7
霸州市	14.0	9.9	14.6	15.0	12.9	6.7
文安县	13.8	21.8	16.2	22.6	11.4	20.7
大城县	14.1	13.5	15.8	15.6	11.4	12.3
平均值	13.6	13.0	22.5	22.6	7.1	6.7

（6）有效磷。廊坊市 7 级地 2010 年土壤有效磷平均为 26.3 mg/kg，2020 年平均为 14.0 mg/kg。利用行政区划图与耕地质量等级图叠加联合形成行政区划耕地质量等级综合图，对栅格数据统计，2010 年土壤有效磷变幅 5.1~69.8 mg/kg，2020 年变幅 0.4~50.8 mg/kg，2010—2020 年土壤有效磷平均减少 12.3 mg/kg（表 4-102）。

表 4-102　有效磷含量 7 级地分布　　　　　　单位：mg/kg

地区	平均值		最大值		最小值	
	2010 年	2020 年	2010 年	2020 年	2010 年	2020 年
香河县	19.1	—	19.1	—	19.1	—
广阳区	27.4	—	29.4	—	15.3	—
安次区	17.1	21.0	28.7	35.0	8.7	10.4
永清县	13.5	12.4	24.8	42.6	7.6	0.4
固安县	26.6	35.6	34.6	50.8	18.9	25.5
霸州市	18.8	13.1	25.5	24.4	8.7	5.3
文安县	10.3	13.8	15.0	13.8	5.1	13.7
大城县	36.8	11.1	69.8	33.7	36.8	7.2
平均值	26.3	14.0	69.8	50.8	5.1	0.4

（7）速效钾。廊坊市 7 级地 2010 年土壤速效钾平均为 152 mg/kg，2020 年平均为 163 mg/kg。利用行政区划图与耕地质量等级图叠加联合形成行政区划耕地质量等级综合图，对栅格数据统计，2010 年土壤速效钾变幅 90~244 mg/kg，2020 年变幅 70~

426 mg/kg，2010—2020 年土壤速效钾平均增加 11 mg/kg（表 4-103）。

表 4-103　速效钾含量 7 级地分布　　　　单位：mg/kg

地区	平均值		最大值		最小值	
	2010 年	2020 年	2010 年	2020 年	2010 年	2020 年
香河县	131	—	131	—	131	—
广阳区	127	—	141	—	113	—
安次区	188	211	233	321	113	152
永清县	125	166	181	226	97	136
固安县	136	215	166	276	104	160
霸州市	167	175	185	231	116	148
文安县	106	198	156	200	90	197
大城县	167	150	244	426	104	70
平均值	152	163	244	426	90	70

（8）排水能力。廊坊市 7 级地排水能力处于"充分满足""满足""基本满足"和"不满足"状态。用行政区划图与耕地质量等级图叠加联合形成行政区划耕地质量等级综合图，对栅格数据统计，2020 年处于"充分满足"状态耕地较 2010 年增加 96.89 hm²，处于"满足""基本满足"和"不满足"状态耕地分别减少 1 181.36 hm²、11 830.90 hm² 和 14 229.60 hm²（表 4-104）。

表 4-104　排水能力 7 级地分布　　　　单位：hm²

地区	充分满足		满足		基本满足		不满足	
	2010 年	2020 年	2010 年	2020 年	2010 年	2020 年	2010 年	2020 年
香河县	—	—	—	—	62.38	—	—	—
广阳区	—	—	—	—	1 148.66	—	3.31	—
安次区	—	—	—	—	2 884.40	1 162.49	702.43	—
永清县	—	—	2 425.00	638.72	4 143.00	—	124.84	—
固安县	—	96.89	2 654.15	1 028.46	189.95	—	—	—
霸州市	—	—	—	2 230.61	6 462.14	—	788.62	—
文安县	—	—	—	—	1 630.61	68.25	4 065.65	—
大城县	—	—	—	—	12 880.94	16 340.44	8 544.75	—
合计	—	96.89	5 079.15	3 897.79	29 402.08	17 571.18	14 229.60	—

（9）pH值。廊坊市7级地2010年土壤pH值为8.4，2020年为8.2。利用行政区划图与耕地质量等级图叠加联合形成行政区划耕地质量等级综合图，对栅格数据统计，2010年土壤pH值变幅7.2~9.3，2020年变幅7.9~8.8，2010—2020年土壤pH值平均减少0.2个单位（表4-105）。

表4-105　土壤pH值7级地分布

地区	平均值		最大值		最小值	
	2010年	2020年	2010年	2020年	2010年	2020年
香河县	7.8	—	7.8	—	7.8	—
广阳区	8.1	—	8.8	—	7.5	—
安次区	8.7	8.6	9.1	8.8	7.5	8.5
永清县	8.7	8.5	9.3	8.6	7.2	8.4
固安县	8.3	8.4	9.2	8.5	7.3	8.3
霸州市	8.4	8.6	8.6	8.7	8.1	8.6
文安县	8.6	8.7	8.9	8.7	8.0	8.7
大城县	8.2	8.1	9.0	8.2	7.8	7.9
平均值	8.4	8.2	9.3	8.8	7.2	7.9

（10）土壤容重。廊坊市7级地2010年土壤容重为1.41 g/cm³，2020年为1.41 g/cm³。利用行政区划图与耕地质量等级图叠加联合形成行政区划耕地质量等级综合图，对栅格数据统计，2010年土壤容重变幅1.02~1.71 g/cm³，2020年变幅1.11~1.52 g/cm³，2010—2020年土壤容重无变化（表4-106）。

表4-106　土壤容重7级地分布　　　　　　　　　　　　单位：g/cm³

地区	平均值		最大值		最小值	
	2010年	2020年	2010年	2020年	2010年	2020年
香河县	1.37	—	1.37	—	1.37	—
广阳区	1.28	—	1.48	—	1.06	—
安次区	1.33	1.38	1.65	1.51	1.06	1.29
永清县	1.49	1.48	1.66	1.52	1.17	1.46
固安县	1.16	1.13	1.43	1.17	1.02	1.11
霸州市	1.47	1.40	1.60	1.52	1.17	1.27
文安县	1.38	1.42	1.49	1.42	1.12	1.41
大城县	1.44	1.43	1.71	1.47	1.21	1.38
平均值	1.41	1.41	1.71	1.52	1.02	1.11

（11）盐渍化程度。廊坊市 7 级地盐渍化程度处于"无"和"轻度"状态。用行政区划图与耕地质量等级图叠加联合形成行政区划耕地质量等级综合图，对栅格数据区域统计，2020 年盐渍化程度处于"无"耕地面积较 2010 年减少 27 719.53 hm²，处于"轻度"耕地增加 574.56 hm²（表 4-107）。

表 4-107　盐渍化程度 7 级地分布　　　　　　　　　　　　　单位：hm²

地区	无		轻度	
	2010 年	2020 年	2010 年	2020 年
香河县	62.38	—	—	—
广阳区	1 151.97	—	—	—
安次区	3 586.83	1 162.49	—	—
永清县	6 692.84	638.72	—	—
固安县	2 844.10	1 125.35	—	—
霸州市	7 250.76	2 230.61	—	—
文安县	5 696.26	68.25	—	—
大城县	10 672.41	5 012.60	10 753.28	11 327.84
合计	37 957.55	10 238.02	10 753.28	11 327.84

（12）地下水埋深。廊坊市 7 级地地下水埋深均处于"≥3 m"状态。用行政区划图与耕地质量等级图叠加联合形成行政区划耕地质量等级综合图，对栅格数据区域统计，2020 年处于"≥3 m"状态耕地面积较 2010 年减少 27 144.97 hm²（表 4-108）。

表 4-108　地下水埋深 7 级地分布　　　　　　　　　　　　　单位：hm²

地区	≥3 m	
	2010 年	2020 年
香河县	62.38	—
广阳区	1 151.97	—
安次区	3 586.83	1 162.49
永清县	6 692.84	638.72
固安县	2 844.10	1 125.35
霸州市	7 250.76	2 230.61
文安县	5 696.26	68.25
大城县	21 425.69	16 340.44
合计	48 710.83	21 565.86

（13）障碍因素。廊坊市 7 级地均处于"无"和"夹砂层"障碍因素。用行政区划图与耕地质量等级图叠加联合形成行政区划耕地质量等级综合图，对栅格数据区域统计，2020 年"无"和"夹砂层"障碍耕地面积较 2010 年分别减少24 966.29 hm² 和 2 178.68 hm²（表 4-109）。

表 4-109　障碍因素 7 级地分布　　　　　　　　单位：hm²

地区	无		夹砂层	
	2010 年	2020 年	2010 年	2020 年
香河县	62.38	—	—	—
广阳区	1 151.97	—	—	—
安次区	1 778.03	1 162.49	1 808.80	—
永清县	6 692.84	638.72	—	—
固安县	2 844.10	1 028.46	—	96.89
霸州市	7 250.75	2 230.61	—	—
文安县	5 229.50	68.25	466.77	—
大城县	21 425.69	16 340.44	—	—
合计	46 435.26	21 468.97	2 275.57	96.89

（14）耕层厚度。廊坊市 7 级地耕层厚度处于"≥20 cm"和"[15，20）cm"状态。用行政区划图与耕地质量等级图叠加联合形成行政区划耕地质量等级综合图，对栅格数据区域统计，2020 年处于"≥20 cm"和"[15，20）cm"状态耕地较 2010 年分别减少4 821.04 hm² 和22 323.93 hm²（表 4-110）。

表 4-110　耕层厚度 7 级地分布　　　　　　　　单位：hm²

地区	≥20 cm		[15，20）cm	
	2010 年	2020 年	2010 年	2020 年
香河县	—	—	62.38	—
广阳区	1 151.97	—	—	—
安次区	3 586.83	1 162.49	—	—
永清县	6 692.84	638.72	—	—
固安县	2 844.10	1 125.35	—	—
霸州市	7 250.76	2 230.61	—	—
文安县	2 304.59	—	3 391.67	68.25
大城县	2 487.56	16 340.44	18 938.13	—
合计	26 318.65	21 497.61	22 392.18	68.25

（15）农田林网化。廊坊市 7 级地农田林网化处于"高""中"和"低"状态。用行政区划图与耕地质量等级图叠加联合形成行政区划耕地质量等级综合图，对栅格数据区域统计，2020 年农田林网化处于"高"和"中"状态耕地较 2010 年分别增加 638.72 hm² 和 1 230.74 hm²，处于"低"状态耕地减少 29 014.43 hm²（表 4-111）。

表 4-111　农田林网化 7 级地分布　　　　　　　单位：hm²

地区	高		中		低	
	2010 年	2020 年	2010 年	2020 年	2010 年	2020 年
香河县	—	—	—	—	62.38	—
广阳区	—	—	—	—	1 151.97	—
安次区	—	—	—	1 162.49	3 586.83	—
永清县	—	638.72	—	—	6 692.84	—
固安县	—	—	—	—	2 844.10	1 125.35
霸州市	—	—	—	—	7 250.76	2 230.61
文安县	—	—	—	68.25	5 696.26	—
大城县	—	—	—	—	21 425.69	16 340.44
合计	—	638.72	—	1 230.74	48 710.83	19 696.40

（16）生物多样性。廊坊市 7 级地生物多样性处于"丰富""一般"和"不丰富"状态。用行政区划图与耕地质量等级图叠加联合形成行政区划耕地质量等级综合图，对栅格数据区域统计，2020 年生物多样性处于"丰富""一般"和"不丰富"耕地较 2010 年分别减少 5 846.34 hm²、9 797.95 hm² 和 11 500.68 hm²（表 4-112）。

表 4-112　生物多样性 7 级地分布　　　　　　　单位：hm²

地区	丰富		一般		不丰富	
	2010 年	2020 年	2010 年	2020 年	2010 年	2020 年
香河县	—	—	62.38	—	—	—
广阳区	3.31	—	1 148.66	—	—	—
安次区	59.27	—	3 527.56	1 162.49	—	—
永清县	6 408.69	638.72	34.15	—	250.00	—
固安县	13.79	—	10.20	—	2 820.11	1 125.35
霸州市	—	—	788.62	—	6 462.14	2 230.61

（续表）

地区	丰富		一般		不丰富	
	2010 年	2020 年	2010 年	2020 年	2010 年	2020 年
文安县	—	—	5 457.12	68.25	239.14	—
大城县	—	—	—	—	21 425.69	16 340.44
合计	6 485.06	638.72	11 028.69	1 230.74	31 197.08	19 696.40

（17）清洁程度。廊坊市 7 级地清洁程度处于"清洁"状态。用行政区划图与耕地质量等级图叠加联合形成行政区划耕地质量等级综合图，对栅格数据区域统计，2020 年处于"清洁"状态耕地较 2010 年减少27 144.97 hm²（表4-113）。

表 4-113　清洁程度 7 级地分布　　　　　　　　　　单位：hm²

地区	清洁	
	2010 年	2020 年
香河县	62.38	—
广阳区	1 151.97	—
安次区	3 586.83	1 162.49
永清县	6 692.84	638.72
固安县	2 844.10	1 125.35
霸州市	7 250.76	2 230.61
文安县	5 696.26	68.25
大城县	21 425.69	16 340.44
合计	48 710.83	21 565.86

（八）8 级地耕地质量特征

1. 空间分布

表 4-114 表明，2010 年廊坊市 8 级地面积10 129.77 hm²，占总耕地的 3.66%；2020 年 8 级地1 141.07 hm²，占总耕地的 0.41%，8 级地面积减少。2010—2020 年，霸州市 8 级地面积增加 451.89 hm²；文安县、广阳区、安次区、固安县、大城县、永清县面积减少，其中永清县减少最多，为3 976.49 hm²，其次是大城县，减少3 961.00 hm²。

表 4-114　8 级地面积与分布

地区	2010 年		2020 年	
	面积/hm²	占 8 级地面积/%	面积/hm²	占 8 级地面积/%
广阳区	22.42	0.22	—	—

（续表）

地区	2010 年		2020 年	
	面积/hm²	占 8 级地面积/%	面积/hm²	占 8 级地面积/%
安次区	925.46	9.14	191.94	16.82
永清县	3 976.49	39.26	—	—
固安县	1 184.03	11.69	439.46	38.51
霸州市	—	—	451.89	39.60
文安县	2.59	0.03	—	—
大城县	4 018.78	39.67	57.78	5.06
合计	10 129.77	100.00	1 141.07	100.00

2. 属性特征

（1）灌溉能力。廊坊市 8 级地灌溉能力处于"满足""基本满足"和"不满足"状态。用行政区划图与耕地质量等级图叠加联合形成行政区划耕地质量等级综合图，对栅格数据区域统计，2020 年处于"满足""基本满足"和"不满足"状态面积较 2010 年分别减少155.68 hm²、2 819.98 hm²和6 013.04 hm²（表4-115）。

表 4-115　灌溉能力 8 级地分布　　　　　　　　单位：hm²

地区	满足		基本满足		不满足	
	2010 年	2020 年	2010 年	2020 年	2010 年	2020 年
广阳区	—	—	22.42	—	—	—
安次区	—	—	652.29	191.94	273.17	—
永清县	155.68	—	3 147.82	—	672.99	—
固安县	—	—	—	358.72	1 184.03	80.74
霸州市	—	—	—	451.89	—	—
文安县	—	—	—	—	2.59	—
大城县	—	—	—	—	4 018.78	57.78
合计	155.68	—	3 822.53	1 002.55	6 151.56	138.52

（2）耕层质地。廊坊市 8 级地质地为轻壤、砂壤和砂土。用行政区划图与耕地质量等级图叠加联合形成行政区划耕地质量等级综合图，对栅格数据区域统计，2020 年轻壤较 2010 年减少4 594.55 hm²，砂壤减少3 822.78 hm²，砂土减少 571.37 hm²（表4-116）。

表 4-116　耕层质地 8 级地分布　　　　　　　　单位：hm²

地区	轻壤		砂壤		砂土	
	2010 年	2020 年	2010 年	2020 年	2010 年	2020 年
广阳区	—	—	—	—	22.42	—
安次区	—	—	273.17	—	652.29	191.94
永清县	573.18	—	2 556.48	—	846.83	—
固安县	—	—	1 064.23	13.32	119.80	426.14
霸州市	—	—	—	—	—	451.89
文安县	2.59	—	—	—	—	—
大城县	4 018.78	—	—	57.78	—	—
合计	4 594.55	—	3 893.88	71.10	1 641.34	1 069.97

（3）有效土层厚。廊坊市 8 级地有效土层厚处于"≥100 cm"和"[60，100）cm"状态。用行政区划图与耕地质量等级图叠加联合形成行政区划耕地质量等级综合图，对栅格数据区域统计，2020 年处于"≥100 cm"状态耕地面积较 2010 年减少 8 279.45 hm²，处于"[60，100）cm"状态面积减少 709.25 hm²（表 4-117）。

表 4-117　有效土层厚 8 级地分布　　　　　　　　单位：hm²

地区	≥100 cm		[60，100）cm	
	2010 年	2020 年	2010 年	2020 年
广阳区	22.42	—	—	—
安次区	925.46	191.94	—	—
永清县	3 976.49	—	—	—
固安县	474.78	439.46	709.25	—
霸州市	—	451.89	—	—
文安县	2.59	—	—	—
大城县	4 018.78	57.78	—	—
合计	9 420.52	1 141.07	709.25	—

（4）质地构型。廊坊市 8 级地质地构型处于"上松下紧型""紧实型""夹层型""海绵型""上紧下松型"和"松散型"状态。用行政区划图与耕地质量等级图叠加联合形成行政区划耕地质量等级综合图，对栅格数据区域统计，2020 年"上松下紧型"状态耕地面积增加 453.41 hm²，"紧实型""夹层型""海绵型""上紧下松型"和"松散型"状态耕地面积较 2010 年分别减少 4 145.99 hm²、119.80 hm²、1 679.53 hm²、273.17 hm²和3 223.62 hm²（表 4-118）。

表4-118 质地构型8级地分布

单位：hm²

地区	上松下紧型 2010年	上松下紧型 2020年	紧实型 2010年	紧实型 2020年	夹层型 2010年	夹层型 2020年	海绵型 2010年	海绵型 2020年	上紧下松型 2010年	上紧下松型 2020年	松散型 2010年	松散型 2020年
广阳区	—	—	22.42	—	—	—	—	—	—	—	—	—
安次区	—	1.52	—	—	—	—	240.01	—	273.17	—	412.28	190.42
永清县	—	—	159.98	—	—	—	1 439.52	—	—	—	2 376.99	—
固安县	—	—	—	—	119.80	—	—	—	—	—	1 064.23	439.46
霸州市	—	451.89	—	—	—	—	—	—	—	—	—	—
文安县	—	—	2.59	—	—	—	—	—	—	—	—	—
大城县	—	—	4 018.78	57.78	—	—	—	—	—	—	—	—
合计	—	453.41	4 203.77	57.78	119.80	—	1 679.53	—	273.17	—	3 853.50	629.88

（5）有机质。廊坊市 8 级地 2010 年土壤有机质平均为 11.9 g/kg，2020 年平均为 9.4 g/kg。利用行政区划图与耕地质量等级图叠加联合形成行政区划耕地质量等级综合图，对栅格数据区域统计，2010 年土壤有机质变幅 6.2~20.4 g/kg，2020 年变幅 3.6~14.0 g/kg，2010—2020 年土壤有机质平均减少 2.5 g/kg（表 4-119）。

表 4-119　有机质含量 8 级地分布　　　　　　单位：g/kg

地区	平均值		最大值		最小值	
	2010 年	2020 年	2010 年	2020 年	2010 年	2020 年
广阳区	13.7	—	13.7	—	13.7	—
安次区	19.1	12.6	20.4	14.0	12.8	10.8
永清县	8.5	—	15.9	—	6.2	—
固安县	14.4	9.2	15.2	11.7	13.0	7.7
霸州市	—	7.1	—	9.5	—	3.6
文安县	12.2	—	12.2	—	12.2	—
大城县	12.1	13.5	12.6	13.9	10.9	13.1
平均值	11.9	9.4	20.4	14.0	6.2	3.6

（6）有效磷。廊坊市 8 级地 2010 年土壤有效磷平均为 14.6 mg/kg，2020 年平均为 21.6 mg/kg。利用行政区划图与耕地质量等级图叠加联合形成行政区划耕地质量等级综合图，对栅格数据统计，2010 年土壤有效磷变幅 7.9~28.9 mg/kg，2020 年变幅 7.3~38.8 mg/kg，2010—2020 年土壤有效磷平均值增加 7.0 mg/kg（表 4-120）。

表 4-120　有效磷含量 8 级地分布　　　　　　单位：mg/kg

地区	平均值		最大值		最小值	
	2010 年	2020 年	2010 年	2020 年	2010 年	2020 年
广阳区	24.9	—	24.9	—	24.9	—
安次区	14.3	21.8	15.5	26.6	9.8	12.6
永清县	11.7	—	24.9	—	7.9	—
固安县	23.5	29.4	28.9	38.8	19.4	25.5
霸州市	—	13.5	—	20.0	—	7.5
文安县	13.9	—	13.9	—	13.9	—
大城县	15.0	10.2	20.5	11.8	12.9	7.3
平均值	14.6	21.6	28.9	38.8	7.9	7.3

（7）速效钾。廊坊市8级地2010年土壤速效钾平均为132 mg/kg，2020年平均为182 mg/kg。利用行政区划图与耕地质量等级图叠加联合形成行政区划耕地质量等级综合图，对栅格数据统计，2010年土壤速效钾变幅91～195 mg/kg，2020年变幅97～230 mg/kg，2010—2020年土壤速效钾平均增加50 mg/kg（表4-121）。

表4-121　速效钾含量8级地分布　　单位：mg/kg

地区	平均值		最大值		最小值	
	2010年	2020年	2010年	2020年	2010年	2020年
广阳区	91	—	91	—	91	—
安次区	179	202	195	223	135	174
永清县	117	—	154	—	91	—
固安县	127	188	150	223	115	163
霸州市	—	178	—	219	—	139
文安县	132	—	132	—	132	—
大城县	133	143	153	175	117	97
平均值	132	182	195	230	91	97

（8）排水能力。廊坊市8级地排水能力处于"满足""基本满足"和"不满足"状态。用行政区划图与耕地质量等级图叠加联合形成行政区划耕地质量等级综合图，对栅格数据统计，2020年处于"满足"状态耕地较2010年增加54.70 hm²，处于"基本满足"和"不满足"状态耕地分别减少5 826.54 hm²和3 216.86 hm²（表4-122）。

表4-122　排水能力8级地分布　　单位：hm²

地区	满足		基本满足		不满足	
	2010年	2020年	2010年	2020年	2010年	2020年
广阳区	—	—	—	—	22.42	—
安次区	—	—	652.29	191.94	273.17	—
永清县	350.86	—	3 465.65	—	159.98	—
固安县	485.79	439.46	698.24	—	—	—
霸州市	—	451.89	—	—	—	—
文安县	—	—	2.59	—	—	—
大城县	—	—	1 257.49	57.78	2 761.29	—
合计	836.65	891.35	6 076.26	249.72	3 216.86	—

（9）pH 值。廊坊市 8 级地 2010 年土壤 pH 值为 8.7，2020 年为 8.5。利用行政区划图与耕地质量等级图叠加联合形成行政区划耕地质量等级综合图，对栅格数据统计，2010 年土壤 pH 值变幅 8.0~9.4，2020 年变幅 8.1~8.7，2010—2020 年土壤 pH 值平均减少 0.2 个单位（表 4-123）。

表 4-123　pH 值 8 级地分布

地区	平均值		最大值		最小值	
	2010 年	2020 年	2010 年	2020 年	2010 年	2020 年
广阳区	8.9	—	8.9	—	8.9	—
安次区	8.7	8.6	8.9	8.7	8.7	8.6
永清县	8.9	—	9.4	—	8.5	—
固安县	8.6	8.4	8.8	8.5	8.4	8.4
霸州市	—	8.6	—	8.7	—	8.6
文安县	8.7	—	8.7	—	8.7	—
大城县	8.4	8.1	8.7	8.1	8.0	8.1
平均值	8.7	8.5	9.4	8.7	8.0	8.1

（10）土壤容重。廊坊市 8 级地 2010 年土壤容重为 1.40 g/cm³，2020 年为 1.25 g/cm³。利用行政区划图与耕地质量等级图叠加联合形成行政区划耕地质量等级综合图，对栅格数据统计，2010 年土壤容重变幅 1.07~1.60 g/cm³，2020 年变幅 1.10~1.47 g/cm³，2010—2020 年土壤容重减小 0.15 g/cm³（表 4-124）。

表 4-124　土壤容重 8 级地分布　　　　　　　　　　单位：g/cm³

地区	平均值		最大值		最小值	
	2010 年	2020 年	2010 年	2020 年	2010 年	2020 年
广阳区	1.43	—	1.43	—	1.43	—
安次区	1.33	1.36	1.50	1.40	1.13	1.30
永清县	1.48	—	1.60	—	1.34	—
固安县	1.20	1.13	1.47	1.15	1.07	1.10
霸州市	—	1.34	—	1.47	—	1.30
文安县	1.45	—	1.45	—	1.45	—
大城县	1.38	1.47	1.56	1.45	1.09	1.44
平均值	1.40	1.25	1.60	1.47	1.07	1.10

（11）盐渍化程度。廊坊市8级地盐渍化程度处于"无"和"轻度"状态。用行政区划图与耕地质量等级图叠加联合形成行政区划耕地质量等级综合图，对栅格数据区域统计，2020年盐渍化程度处于"无"耕地面积较2010年减少5 691.49 hm²，处于"轻度"耕地减少3 297.21 hm²（表4-125）。

表4-125　盐渍化程度8级地分布　　　　　单位：hm²

地区	无		轻度	
	2010 年	2020 年	2010 年	2020 年
广阳区	22.42	—	—	—
安次区	925.46	191.94	—	—
永清县	3 976.49	—	—	—
固安县	1 184.03	439.46	—	—
霸州市	—	451.89	—	—
文安县	—	—	2.59	—
大城县	666.38	—	3 352.40	57.78
合计	6 774.78	1 083.29	3 354.99	57.78

（12）地下水埋深。廊坊市8级地地下水埋深均处于"≥3 m"状态。用行政区划图与耕地质量等级图叠加联合形成行政区划耕地质量等级综合图，对栅格数据区域统计，2020年处于"≥3 m"状态耕地面积较2010年减少8 988.70 hm²（表4-126）。

表4-126　地下水埋深8级地分布　　　　　单位：hm²

地区	≥3 m	
	2010 年	2020 年
广阳区	22.42	—
安次区	925.46	191.94
永清县	3 976.49	—
固安县	1 184.03	439.46
霸州市	—	451.89
文安县	2.59	—
大城县	4 018.78	57.78
合计	10 129.77	1 141.07

（13）障碍因素。廊坊市 8 级地均处于"无"和"夹砂层"障碍因素。用行政区划图与耕地质量等级图叠加联合形成行政区划耕地质量等级综合图，对栅格数据区域统计，2020 年"无"和"夹砂层"障碍耕地面积较 2010 年分别减少 8 715.53 hm² 和 273.17 hm²（表 4-127）。

表 4-127　障碍因素 8 级地分布　　　　　　　单位：hm²

地区	无		夹砂层	
	2010 年	2020 年	2010 年	2020 年
广阳区	22.42	—	—	—
安次区	652.29	191.94	273.17	—
永清县	3 976.49	—	—	—
固安县	1 184.03	439.46	—	—
霸州市	—	451.89	—	—
文安县	2.59	—	—	—
大城县	4 018.78	57.78	—	—
合计	9 856.60	1 141.07	273.17	—

（14）耕层厚度。廊坊市 8 级地耕层厚度处于"≥20 cm"和"[15，20）cm"状态。用行政区划图与耕地质量等级图叠加联合形成行政区划耕地质量等级综合图，对栅格数据区域统计，2020 年处于"≥20 cm"和"[15，20）cm"状态耕地较 2010 年分别减少 4 967.33 hm² 和 4 021.37 hm²（表 4-128）。

表 4-128　耕层厚度 8 级地分布　　　　　　　单位：hm²

地区	≥20 cm		[15，20）cm	
	2010 年	2020 年	2010 年	2020 年
广阳区	22.42	—	—	—
安次区	925.46	191.94	—	—
永清县	3 976.49	—	—	—
固安县	1 184.03	439.46	—	—
霸州市	—	451.89	—	—
文安县	—	—	2.59	—
大城县	—	57.78	4 018.78	—
合计	6 108.40	1 141.07	4 021.37	—

（15）农田林网化。廊坊市 8 级地农田林网化处于"中"和"低"状态。用行政区划图与耕地质量等级图叠加联合形成行政区划耕地质量等级综合图，对栅格数据区域统计，2020 年农田林网化处于"中"状态耕地较 2010 年增加 631.40 hm²，处于"低"状态耕地减少9 620.10 hm²（表 4-129）。

表 4-129　农田林网化 8 级地分布　　　　　单位：hm²

地区	中		低	
	2010 年	2020 年	2010 年	2020 年
广阳区	—	—	22.42	—
安次区	—	191.94	925.46	—
永清县	—	—	3 976.49	—
固安县	—	439.46	1 184.03	—
霸州市	—	—	—	451.89
文安县	—	—	2.59	—
大城县	—	—	4 018.78	57.78
合计	—	631.40	10 129.77	509.67

（16）生物多样性。廊坊市 8 级地生物多样性处于"丰富""一般"和"不丰富"状态。用行政区划图与耕地质量等级图叠加联合形成行政区划耕地质量等级综合图，对栅格数据区域统计，2020 年生物多样性处于"丰富""一般"和"不丰富"耕地较2010 年分别减少4 238.92 hm²、493.51 hm²和4 256.27 hm²（表 4-130）。

表 4-130　生物多样性 8 级地分布　　　　　单位：hm²

地区	丰富		一般		不丰富	
	2010 年	2020 年	2010 年	2020 年	2010 年	2020 年
广阳区	22.42	—	—	—	—	—
安次区	240.01	—	685.45	191.94	—	—
永清县	3 976.49	—	—	—	—	—
固安县	—	—	—	—	1 184.03	439.46
霸州市	—	—	—	—	—	451.89
文安县	—	—	—	—	2.59	—
大城县	—	—	—	—	4 018.78	57.78
合计	4 238.92	—	685.45	191.94	5 205.40	949.13

（17）清洁程度。廊坊市 8 级地清洁程度处于"清洁"状态。用行政区划图与耕地质量等级图叠加联合形成行政区划耕地质量等级综合图，对栅格数据区域统计，2020 年处于"清洁"状态耕地较 2010 年减少 8 988.70 hm^2（表 4-131）。

表 4-131　清洁程度 8 级地分布　　　　　　　　　　　　单位：hm^2

地区	清洁	
	2010 年	2020 年
广阳区	22.42	—
安次区	925.46	191.94
永清县	3 976.49	—
固安县	1 184.03	439.46
霸州市	—	451.89
文安县	2.59	—
大城县	4 018.78	57.78
合计	10 129.77	1 141.07

（九）9 级地耕地质量特征

1. 空间分布

表 4-132 表明，2010 年廊坊市 9 级地面积 3 269.66 hm^2，占总耕地的 1.18%；2020 年 9 级地 187.18 hm^2，占总耕地的 0.07%，9 级地面积减少。2010—2020 年，安次区、固安县、大城县、永清县耕地面积均减少，其中永清县减少最多，为 1 346.02 hm^2，其次是大城县，减少 917.76 hm^2。

表 4-132　9 级地面积与分布

地区	2010 年		2020 年	
	面积/hm^2	占 9 级地面积/%	面积/hm^2	占 9 级地面积/%
安次区	120.08	3.67	—	—
永清县	1 346.02	41.17	—	—
固安县	796.60	24.36	97.98	52.35
大城县	1 006.96	30.80	89.20	47.65
合计	3 269.66	100.00	187.18	100.00

2. 属性特征

（1）灌溉能力。廊坊市 9 级地灌溉能力处于"基本满足"和"不满足"状态。用行政区划图与耕地质量等级图叠加联合形成行政区划耕地质量等级综合图，对栅格数据区域统计，2020年处于"基本满足"和"不满足"状态面积较2010年分别减少944.73 hm² 和2 137.75 hm²（表4-133）。

表4-133 灌溉能力9级地分布 单位：hm²

地区	基本满足		不满足	
	2010年	2020年	2010年	2020年
安次区	—	—	120.08	—
永清县	944.73	—	401.29	—
固安县	—	—	796.60	97.98
大城县	—	—	1 006.96	89.20
合计	944.73	—	2 324.93	187.18

（2）耕层质地。廊坊市9级地质地为砂壤和砂土。用行政区划图与耕地质量等级图叠加联合形成行政区划耕地质量等级综合图，对栅格数据区域统计，2020年砂壤耕地面积较2010年减少364.85 hm²，砂土减少2 717.63 hm²（表4-134）。

表4-134 耕层质地9级地分布 单位：hm²

地区	砂壤		砂土	
	2010年	2020年	2010年	2020年
安次区	—	—	120.08	—
永清县	364.85	—	981.17	—
固安县	—	—	796.60	97.98
大城县	—	—	1 006.96	89.20
合计	364.85	—	2 904.81	187.18

（3）有效土层厚。廊坊市9级地有效土层厚处于"≥100 cm"和"[60，100）cm"状态。用行政区划图与耕地质量等级图叠加联合形成行政区划耕地质量等级综合图，对栅格数据区域统计，2020年处于"≥100 cm"状态耕地面积较2010年减少2 484.61 hm²，处于"[60，100）cm"状态面积减少597.87 hm²（表4-135）。

表 4-135　有效土层厚 9 级地分布　　　　　　　　单位：hm²

地区	≥100 cm		[60, 100) cm	
	2010 年	2020 年	2010 年	2020 年
安次区	120.08	—	—	—
永清县	1 344.78	—	1.24	—
固安县	199.97	97.98	596.63	—
大城县	1 006.96	89.20	—	—
合计	2 671.79	187.18	597.87	—

（4）质地构型。廊坊市 9 级地质地构型处于"紧实型""海绵型"和"松散型"状态。用行政区划图与耕地质量等级图叠加联合形成行政区划耕地质量等级综合图，对栅格数据区域统计，2020 年"紧实型""海绵型"和"松散型"状态耕地面积较 2010 年分别减少917.76 hm²、807.28 hm²和1 357.44 hm²（表 4-136）。

表 4-136　质地构型 9 级地分布　　　　　　　　单位：hm²

地区	紧实型		海绵型		松散型	
	2010 年	2020 年	2010 年	2020 年	2010 年	2020 年
安次区	—	—	—	—	120.08	—
永清县	—	—	807.28	—	538.74	—
固安县	—	—	—	—	796.60	97.98
大城县	1 006.96	89.20	—	—	—	—
合计	1 006.96	89.20	807.28	—	1 455.42	97.98

（5）有机质。廊坊市 9 级地 2010 年土壤有机质平均为 11.3 g/kg，2020 年平均为10.3 g/kg。利用行政区划图与耕地质量等级图叠加联合形成行政区划耕地质量等级综合图，对栅格数据区域统计，2010 年土壤有机质变幅 6.0～15.9 g/kg，2020 年变幅9.2～12.9 g/kg，2010—2020 年土壤有机质平均减少 1.0 g/kg（表 4-137）。

表 4-137　有机质含量 9 级地分布　　　　　　　　单位：g/kg

地区	平均值		最大值		最小值	
	2010 年	2020 年	2010 年	2020 年	2010 年	2020 年
安次区	11.3	—	11.3	—	11.3	—
永清县	7.8	—	12.9	—	6.0	—

（续表）

地区	平均值		最大值		最小值	
	2010 年	2020 年	2010 年	2020 年	2010 年	2020 年
固安县	14.1	9.8	15.1	10.5	12.9	9.2
大城县	15.9	12.8	15.9	12.9	15.9	12.7
平均值	11.3	10.3	15.9	12.9	6.0	9.2

（6）有效磷。廊坊市 9 级地 2010 年土壤有效磷平均为 20.2 mg/kg，2020 年平均为 29.5 mg/kg。利用行政区划图与耕地质量等级图叠加联合形成行政区划耕地质量等级综合图，对栅格数据统计，2010 年土壤有效磷变幅 7.4~37.6 mg/kg，2020 年变幅 22.4~ 32.5 mg/kg，2010—2020 年土壤有效磷平均值增加 9.3 mg/kg（表 4-138）。

表 4-138 有效磷含量 9 级地分布 单位：mg/kg

地区	平均值		最大值		最小值	
	2010 年	2020 年	2010 年	2020 年	2010 年	2020 年
安次区	15.5	—	15.5	—	15.5	—
永清县	9.6	—	22.1	—	7.4	—
固安县	25.9	30.9	31.0	32.5	22.1	29.9
大城县	37.6	23.1	37.6	24.1	37.6	22.4
平均值	20.2	29.5	37.6	32.5	7.4	22.4

（7）速效钾。廊坊市 9 级地 2010 年土壤速效钾平均为 124 mg/kg，2020 年平均为 168 mg/kg。利用行政区划图与耕地质量等级图叠加联合形成行政区划耕地质量等级综合图，对栅格数据统计，2010 年土壤速效钾变幅 106~190 mg/kg，2020 年变幅 54~ 203 mg/kg，2010—2020 年土壤速效钾平均增加 44 mg/kg（表 4-139）。

表 4-139 速效钾含量 9 级地分布 单位：mg/kg

地区	平均值		最大值		最小值	
	2010 年	2020 年	2010 年	2020 年	2010 年	2020 年
安次区	190	—	190	—	190	—
永清县	119	—	190	—	106	—
固安县	119	189	129	203	108	170
大城县	133	69	133	81	133	54
平均值	124	168	190	203	106	54

（8）排水能力。廊坊市 9 级地排水能力处于"满足""基本满足"和"不满足"状态。用行政区划图与耕地质量等级图叠加联合形成行政区划耕地质量等级综合图，对栅格数据统计，2020 年处于"满足""基本满足"和"不满足"状态耕地较 2010 年分别减少 336.44 hm²、1 739.08 hm² 和 1 006.96 hm²（表 4-140）。

表 4-140　排水能力 9 级地分布　　　　　　　　单位：hm²

地区	满足		基本满足		不满足	
	2010 年	2020 年	2010 年	2020 年	2010 年	2020 年
安次区	—	—	120.08	—	—	—
永清县	246.18	—	1 099.84	—	—	—
固安县	188.24	97.98	608.36	—	—	—
大城县	—	—	—	89.20	1 006.96	—
合计	434.42	97.98	1 828.28	89.20	1 006.96	—

（9）pH 值。廊坊市 9 级地 2010 年土壤 pH 值为 8.6，2020 年为 8.4。利用行政区划图与耕地质量等级图叠加联合形成行政区划耕地质量等级综合图，对栅格数据统计，2010 年土壤 pH 值变幅 7.9~9.1，2020 年变幅 8.1~8.5，2010—2020 年土壤 pH 值平均减少 0.2 个单位（表 4-141）。

表 4-141　土壤 pH 值 9 级地分布

地区	平均值		最大值		最小值	
	2010 年	2020 年	2010 年	2020 年	2010 年	2020 年
安次区	8.8	—	8.8	—	8.8	—
永清县	8.9	—	9.1	—	8.6	—
固安县	8.5	8.4	8.5	8.5	7.9	8.4
大城县	8.2	8.1	8.2	8.1	8.2	8.1
平均值	8.6	8.4	9.1	8.5	7.9	8.1

（10）土壤容重。廊坊市 9 级地 2010 年土壤容重为 1.41 g/cm³，2020 年为 1.19 g/cm³。利用行政区划图与耕地质量等级图叠加联合形成行政区划耕地质量等级综合图，对栅格数据统计，2010 年土壤容重变幅 1.11~1.57 g/cm³，2020 年变幅 1.12~1.47 g/cm³，2010—2020 年土壤容重减小 0.22 g/cm³（表 4-142）。

表 4-142　土壤容重 9 级地分布 单位：g/cm³

地区	平均值		最大值		最小值	
	2010 年	2020 年	2010 年	2020 年	2010 年	2020 年
安次区	1.39	—	1.39	—	1.39	—
永清县	1.50	—	1.57	—	1.39	—
固安县	1.29	1.14	1.42	1.14	1.11	1.12
大城县	1.35	1.46	1.35	1.47	1.35	1.46
平均值	1.41	1.19	1.57	1.47	1.11	1.12

（11）盐渍化程度。廊坊市 9 级地盐渍化程度处于"无"和"轻度"状态。用行政区划图与耕地质量等级图叠加联合形成行政区划耕地质量等级综合图，对栅格数据区域统计，2020 年盐渍化程度处于"无"耕地面积较 2010 年减少 2 075.52 hm²，处于"轻度"耕地面积减少 1 006.96 hm²（表 4-143）。

表 4-143　盐渍化程度 9 级地分布 单位：hm²

地区	无		轻度	
	2010 年	2020 年	2010 年	2020 年
安次区	120.08	—	—	—
永清县	1 346.02	—	—	—
固安县	796.60	97.98	—	—
大城县	—	89.20	1 006.96	—
合计	2 262.70	187.18	1 006.96	

（12）地下水埋深。廊坊市 9 级地地下水埋深均处于"≥3 m"状态。用行政区划图与耕地质量等级图叠加联合形成行政区划耕地质量等级综合图，对栅格数据区域统计，2020 年处于"≥3 m"状态耕地面积较 2010 年减少 3 082.48 hm²（表 4-144）。

表 4-144　地下水埋深 9 级地分布 单位：hm²

地区	≥3 m	
	2010 年	2020 年
安次区	120.08	—
永清县	1 346.02	—
固安县	796.60	97.98

（续表）

地区	≥3 m	
	2010 年	2020 年
大城县	1 006.96	89.20
合计	3 269.66	187.18

（13）障碍因素。廊坊市 9 级地均处于"无"障碍因素。用行政区划图与耕地质量等级图叠加联合形成行政区划耕地质量等级综合图，对栅格数据区域统计，2020 年"无"障碍耕地面积较 2010 年减少 3 082.48 hm^2（表 4-145）。

表 4-145　障碍因素 9 级地分布　　　　　　　　　　　　单位：hm^2

地区	无	
	2010 年	2020 年
安次区	120.08	—
永清县	1 346.02	—
固安县	796.60	97.98
大城县	1 006.96	89.20
合计	3 269.66	187.18

（14）耕层厚度。廊坊市 9 级地耕层厚度处于"≥20 cm"和"[15，20）cm"状态。用行政区划图与耕地质量等级图叠加联合形成行政区划耕地质量等级综合图，对栅格数据区域统计，2020 年处于"≥20 cm"和"[15，20）cm"状态耕地较 2010 年分别减少 2 075.52 hm^2 和 1 006.96 hm^2（表 4-146）。

表 4-146　耕层厚度 9 级地分布　　　　　　　　　　　　单位：hm^2

地区	≥20 cm		[15，20）cm	
	2010 年	2020 年	2010 年	2020 年
安次区	120.08	—	—	—
永清县	1 346.02	—	—	—
固安县	796.60	97.98	—	—
大城县	—	89.20	1 006.96	—
合计	2 262.70	187.18	1 006.96	—

（15）农田林网化。廊坊市 9 级地农田林网化处于"低"状态。用行政区划图与耕地质量等级图叠加联合形成行政区划耕地质量等级综合图，对栅格数据区域统计，2020年农田林网化处于"低"状态耕地较 2010 年减少3 082.48 hm²（表 4-147）。

表 4-147　农田林网化 9 级地分布　　　　　　　　单位：hm²

地区	低	
	2010 年	2020 年
安次区	120.08	—
永清县	1 346.02	—
固安县	796.60	97.98
大城县	1 006.96	89.20
合计	3 269.66	187.18

（16）生物多样性。廊坊市 9 级地生物多样性处于"丰富"和"不丰富"状态。用行政区划图与耕地质量等级图叠加联合形成行政区划耕地质量等级综合图，对栅格数据区域统计，2020 年生物多样性处于"丰富"耕地较 2010 年减少1 464.86 hm²，处于"不丰富"耕地减少1 617.62 hm²（表 4-148）。

表 4-148　生物多样性 9 级地分布　　　　　　　　单位：hm²

地区	丰富		不丰富	
	2010 年	2020 年	2010 年	2020 年
安次区	120.08	—	—	—
永清县	1 344.78	—	1.24	—
固安县	—	—	796.60	97.98
大城县	—	—	1 006.96	89.20
合计	1 464.86	—	1 804.80	187.18

（17）清洁程度。廊坊市 9 级地清洁程度处于"清洁"状态。用行政区划图与耕地质量等级图叠加联合形成行政区划耕地质量等级综合图，对栅格数据区域统计，2020年处于"清洁"状态耕地较 2010 年减少3 082.48 hm²（表 4-149）。

表 4–149　清洁程度 9 级地分布　　　　　　单位：hm²

地区	清洁	
	2010 年	2020 年
安次区	120.08	—
永清县	1 346.02	—
固安县	796.60	97.98
大城县	1 006.96	89.20
合计	3 269.66	187.18

第五章 耕地施肥现状和分区施肥指导

第一节 主要作物施肥现状分析

廊坊市种植的主要农作物有小麦、玉米、谷子、大豆、茄子、莴笋、韭菜、菠菜、香菜、黄瓜、白菜、胡萝卜、花生和葡萄，共计 14 种作物。本节采用调查方法详细记录了廊坊地区主要农作物施肥方法、用量及肥料种类等。

一、调查对象及方法

本次调查覆盖廊坊市各县（市、区），分别为三河市、大厂回族自治县、香河县、广阳区、安次区、永清县、固安县、霸州市、文安县和大城县。调查对象以县（市、区）为单位，每县（市、区）覆盖至少 2 个乡（镇），每乡（镇）至少覆盖 2 个村，分析每个县（市、区）农户施肥情况。所有县、乡、村涉及测土配方施肥技术应用的主要农作物类型全覆盖，包括小麦、玉米、棉花、谷子、花生、蔬菜、果树等。种植户类型包括农户和规模化种植户。施肥量以氮肥（N）、磷肥（P_2O_5）、钾肥（K_2O）养分含量计，面积以 2022 年粮食作物、经济作物、蔬菜作物及果树作物种植统计面积计算。

二、计算方法

采用加权平均值法测算某一行政区域肥料使用量。

$$CFI = \sum_{1-n} (N+P_2O_5+K_2O) / A_1$$

$$CFQ = CFI \times A_2$$

$$TCFQ = \sum (CFQ_1+CFQ_2+...+CFQ_m)$$

式中，CFI：某一区域某种作物平均化肥使用强度；m：某一作物编号；n：调查户编号；$\sum_{1-n}(N+P_2O_5+K_2O)$：调查范围内某一作物所有调查农户施用的氮磷钾化肥总量；A_1：调查农户某一作物的种植总面积；A_2：某一行政区内某一作物的种植总面积；CFQ：某一行政区域某一作物化肥使用总量（CFQ_1 代表作物 1 的化肥使用总量，CFQ_2

代表作物 2 的化肥使用总量，以此类推）；TCFQ：某一行政区域主要农作物施肥总量；
$\sum$（CFQ_1+CFQ_2+...+CFQ_m）：某一行政区域不同农作物施肥量总和。

三、主要农作物施肥状况

（一）各县（市、区）主要粮食作物施肥情况统计分析

1. 小麦施肥情况分析

本次调查了廊坊市 10 个县（市、区）小麦的施肥情况，2022 年全市小麦种植面积
逾 6.5 万 hm^2。本次共收到调查问卷 375 份，本研究对小麦施肥种类、施肥方式、施肥
强度和施肥量进行汇总分析。

（1）小麦施肥种类分析。通过对调查问卷进行分析得出，小麦全生育期施肥集中
在 1~3 次，4% 的调查户进行 1 次施肥（只有基肥），96% 的调查户进行 2~3 次施肥
（一基肥一追肥或一基肥二追肥）。以返青至拔节期追肥一次为主，占 98% 以上，进行
二次追肥的调查户占比不到 2%。通过对小麦基肥和追肥施用类型进行分析，99.46% 的
调查户基肥施用复合肥，主要为配方肥、磷酸二铵、磷酸二氢钾等，0.26% 的调查户基
肥施用单质氮肥；2.13% 的调查户基肥施用有机肥；53.87% 的调查户基肥施用农家肥；
4.53% 的调查户基肥施用其他类型肥料（表 5-1）。在进行追肥的调查户中，88.89% 的
调查户追施单质氮肥（尿素），10.55% 的调查户追施复合肥，0.56% 的调查户追施其他
肥料（表 5-2）。廊坊市小麦基肥施用类型以复合肥为主，追肥施用类型以单质氮肥
为主。

表 5-1 廊坊市各县（市、区）小麦底肥肥料类型统计

区域	氮肥/%	复合肥/%	有机肥/%	农家肥/%	其他/%
三河市	—	100	2	2	—
大厂回族自治县	—	100	—	—	—
香河县	—	100	—	—	—
广阳区	—	100	—	—	—
安次区	—	100	—	—	—
永清县	—	100	—	—	—
固安县	—	100	—	100	3.08
霸州市	1.49	98.51	1.49	100	—
文安县	—	98.53	7.35	100	22.06
大城县	—	100	—	—	—

（续表）

区域	氮肥/%	复合肥/%	有机肥/%	农家肥/%	其他/%
全市平均	0.26	99.46	2.13	53.87	4.53

表5-2　廊坊市各县（市、区）小麦追肥肥料类型统计

县（市、区）	氮肥/%	复合肥/%	其他/%
三河市	94.90	4.08	1.02
大厂回族自治县	100	—	—
香河县	100	—	—
广阳区	100	—	—
安次区	100	—	—
永清县	100	—	—
固安县	82.81	17.19	—
霸州市	87.50	12.50	—
文安县	68.85	31.15	—
大城县	100	—	—
全市平均	88.89	10.55	0.56

（2）小麦施肥方式分析。通过对小麦基肥和追肥施用方式进行分析，26.40%的调查户基肥施用方式为撒施并翻入土壤，31.20%的调查户基肥施用方式为机械深施，0.27%的调查户基肥施用方式为条施，42.13%的调查户基肥施用方式为种肥同播（表5-3）。在进行追肥的调查户中，98.33%的调查户追肥方式为撒施，0.83%的调查户追肥方式为条施，0.84%的调查户追肥方式为滴灌、喷灌、水肥一体化等（表5-4）。廊坊市小麦基肥施肥方式以种肥同播为主，追肥方式以撒施为主。撒施会加重氨挥发损失，造成大气污染，因此在小麦追肥期采用喷施、滴灌结合水溶肥等方式可以减少氮肥损失，提高养分利用效率。

表5-3　廊坊市各县（市、区）小麦基肥施用方式统计

县（市、区）	种肥同播/%	撒施/%	条施/%	机械深施/%
三河市	100	—	—	—
大厂回族自治县	—	100	—	—
香河县	—	92.59	—	7.41

（续表）

县（市、区）	种肥同播/%	撒施/%	条施/%	机械深施/%
广阳区	—	100	—	—
安次区	—	100	—	—
永清县	—	100	—	—
固安县	1.54	36.92	1.54	60
霸州市	—	2.98	—	97.02
文安县	83.83	2.94	—	13.23
大城县	—	71.43	—	28.57
全市平均	42.13	26.40	0.27	31.20

表 5-4　廊坊市各县（市、区）小麦追肥施用方式统计

县（市、区）	撒施/%	条施/%	滴灌、喷灌、水肥一体化等/%
三河市	98.97	—	1.03
大厂回族自治县	100	—	—
香河县	100	—	—
广阳区	100	—	—
安次区	100	—	—
永清县	100	—	—
固安县	100	—	—
霸州市	100	—	—
文安县	91.80	4.92	3.28
大城县	100	—	—
全市平均	98.33	0.83	0.84

（3）小麦施肥强度和施肥总量分析。廊坊市小麦总施肥强度为 26.64 kg/667m^2，其中施氮肥（N）、磷肥（P$_2$O$_5$）、钾肥（K$_2$O）分别为 14.65 kg/667m^2、8.22 kg/667m^2、3.77 kg/667m^2（表 5-5）。全市小麦总施肥量为 2 620.77 万 kg，其中氮肥、磷肥、钾肥施用总量分别为 1 440.94 万 kg、808.92 万 kg、370.91 万 kg（表 5-6）。

表 5-5 廊坊市各县（市、区）小麦氮磷钾施用强度统计　　单位：kg/667m²

县（市、区）	小麦施肥强度			总施肥强度
	N	P₂O₅	K₂O	
三河市	14.00	8.00	3.00	25.00
大厂回族自治县	9.83	3.97	3.61	17.41
香河县	15.23	10.03	4.21	29.47
广阳区	17.99	12.41	1.72	32.12
安次区	10.53	13.26	0.31	24.10
永清县	16.02	7.21	5.57	28.80
固安县	18.54	10.19	5.47	34.20
霸州市	15.81	11.30	3.94	31.05
文安县	12.35	5.98	0.92	19.25
大城县	11.06	5.16	4.99	21.21
全市平均	14.65	8.22	3.77	26.64

表 5-6 廊坊市各县（市、区）小麦氮磷钾施用总量统计　　单位：万 kg

县（市、区）	小麦施肥量			总施肥量
	N	P₂O₅	K₂O	
三河市	150.36	85.92	32.22	268.50
大厂回族自治县	11.89	4.80	4.37	21.06
香河县	105.09	69.21	29.05	203.35
广阳区	20.33	14.02	1.94	36.29
安次区	7.16	9.02	0.21	16.39
永清县	78.50	35.33	27.29	141.12
固安县	426.34	234.48	125.82	786.64
霸州市	211.22	150.97	52.64	414.83
文安县	256.63	124.26	19.12	400.01
大城县	173.42	80.91	78.24	332.57
全市	1 440.94	808.92	370.91	2 620.77

2. 玉米施肥情况分析

2022 年廊坊市玉米种植面积逾 19.8 万 hm²。本次共收到调查问卷 610 份，本研究对全市 10 县（市、区）玉米施肥种类、施肥方式、施肥强度和施肥量进行汇总分析。

（1）玉米施肥种类分析。通过对调查问卷进行分析得出，玉米全生育期施肥集中在1~3次，68.14%的调查户进行1次施肥（只有基肥），30.87%的调查户进行2次施肥（一基肥一追肥）。通过对玉米基肥和追肥施用类型进行分析，99.18%的调查户基肥施用复合肥，主要为配方肥、磷酸二铵、磷酸二氢钾等，0.82%的调查户基肥施用单质氮肥；1.64%的调查户基肥施用有机肥；36.45%的调查户基肥施用农家肥（表5-7）。在进行追肥的调查户中，93.29%的调查户追施单质氮肥（尿素），1.03%的调查户追施单质钾肥，5.68%的调查户追施复合肥（表5-8）。廊坊市玉米基肥施用类型以复合肥为主，追肥施用类型以单质氮肥为主。

表5-7　廊坊市各县（市、区）玉米底肥肥料类型统计

县（市、区）	氮肥/%	复合肥/%	有机肥/%	农家肥/%
三河市	—	100	—	—
大厂回族自治县	—	100	—	—
香河县	—	100	—	—
广阳区	—	100	—	—
安次区	4.11	94.52	—	1.37
永清县	—	100	—	—
固安县	—	100	—	100
霸州市	1.43	98.57	1.43	100
文安县	—	100	12.86	100
大城县	—	100	—	13.95
全市平均	0.82	99.18	1.64	36.45

表5-8　廊坊市各县（市、区）玉米追肥肥料类型统计

县（市、区）	氮肥/%	复合肥/%	其他/%
三河市	100	—	—
大厂回族自治县	100	—	—
香河县	100	—	—
广阳区	95	5	—
安次区	100	—	—
永清县	84.62	15.38	—
固安县	60	—	40

（续表）

县（市、区）	氮肥/%	复合肥/%	其他/%
霸州市	100	—	
文安县	84.62	15.38	—
大城县	96	4	—
全市平均	93.29	5.68	1.03

（2）玉米施肥方式分析。通过对玉米基肥和追肥施用方式进行分析，99.67%的调查户基肥施用方式为种肥同播，0.33%的调查户基肥施用方式为撒施（表5-9）。62.89%的调查户追肥方式为撒施，28.35%的调查户追肥方式为条施，8.76%的调查户追肥方式为其他（表5-10）。廊坊市玉米基肥施肥方式以种肥同播为主，追肥施肥方式以撒施为主。撒施会加重氨挥发损失，造成大气污染，因此在玉米追肥期采用深施、喷施、滴灌结合水溶肥等方式可以减少氮肥损失，提高养分利用效率。

表5-9　廊坊市各县（市、区）玉米基肥施用方式统计

县（市、区）	种肥同播/%	撒施/%
三河市	100	—
大厂回族自治县	100	—
香河县	100	—
广阳区	100	—
安次区	100	—
永清县	100	—
固安县	100	—
霸州市	97.14	2.86
文安县	100	—
大城县	100	—
全市平均	99.67	0.33

表5-10　廊坊市各县（市、区）玉米追肥施用方式统计

县（市、区）	撒施/%	条施/%	滴灌、喷灌、水肥一体化等/%
三河市	—	83.93	16.07

（续表）

县（市、区）	撒施/%	条施/%	滴灌、喷灌、 水肥一体化等/%
大厂回族自治县	100	—	—
香河县	100	—	—
广阳区	100	—	—
安次区	100	—	—
永清县	100	—	—
固安县	40	—	60
霸州市	25	—	75
文安县	69.23	30.77	—
大城县	100	—	—
全市平均	62.89	28.35	8.76

（3）玉米施肥强度和施肥总量分析。廊坊市玉米总施肥强度为18.25 kg/667m²，其中施氮肥（N）、磷肥（P_2O_5）、钾肥（K_2O）分别为8.98 kg/667m²、5.32 kg/667m²、3.95 kg/667m²（表5-11）。全市玉米总施肥量为5 424.06万 kg，其中氮肥、磷肥、钾肥施用总量分别为2 667.89万 kg、1 582.47万 kg、1 173.70万 kg（表5-12）。

表5-11　廊坊市各县（市、区）玉米氮磷钾施用强度统计　　单位：kg/667m²

县（市、区）	玉米施肥强度			总施肥强度
	N	P_2O_5	K_2O	
三河市	13	5	7	25
大厂回族自治县	6.49	3.15	3.02	12.66
香河县	13.12	7.52	5.61	26.25
广阳区	12.51	9.15	1.96	23.62
安次区	6.73	5.93	2.43	15.09
永清县	9.17	5.45	5.09	19.71
固安县	9.60	5.72	5.51	20.83
霸州市	9.74	6.66	4.64	21.04
文安县	7.90	4.36	1.79	14.05
大城县	8.07	4.31	3.99	16.37
全市平均	8.98	5.32	3.95	18.25

表 5-12　廊坊市各县（市、区）玉米氮磷钾施用总量统计　　单位：万 kg

县（市、区）	玉米施肥量			总施肥量
	N	P$_2$O$_5$	K$_2$O	
三河市	243.36	93.60	131.04	468
大厂回族自治县	10.58	5.13	4.92	20.63
香河县	157.83	90.47	67.49	315.79
广阳区	87.57	64.05	13.72	165.34
安次区	220.74	194.50	79.70	494.94
永清县	325.35	193.37	180.59	699.31
固安县	297.41	177.21	170.70	645.32
霸州市	322.20	220.31	153.49	696.00
文安县	462.15	255.06	104.72	821.93
大城县	540.69	288.77	267.33	1 096.79
全市	2 667.89	1 582.47	1 173.70	5 424.06

3. 谷子施肥情况分析

通过对调查问卷进行分析得出，谷子全生育期施肥集中在 1~2 次。所有调查户基肥施用复合肥，主要为配方肥、磷酸二铵等。所有调查户追施单质氮肥（尿素）。通过对调查问卷中施肥方式分析，50%的调查户基肥施用方式为机械深施，50%的调查户基肥施用方式为种肥同播。50%的调查户追肥方式为撒施，50%的调查户追肥方式为水肥一体化。经核算，谷子总施肥强度为 27.47 kg/667m²，其中施氮肥（N）、磷肥（P$_2$O$_5$）、钾肥（K$_2$O）分别为 13.51 kg/667m²、8.00 kg/667m²、5.96 kg/667m²。

4. 大豆施肥情况分析

通过对调查问卷进行分析得出，大豆全生育期施肥集中在 1~2 次。所有调查户基肥施用复合肥，主要为配方肥、磷酸二铵等。所有调查户追施单质氮肥（尿素）。通过对调查问卷中施肥方式分析，所有调查户基肥施用方式为种肥同播，追肥方式为撒施。经核算，大豆总施肥强度为 14.53 kg/667m²，其中施氮肥（N）、磷肥（P$_2$O$_5$）、钾肥（K$_2$O）分别为 4.34 kg/667m²、9.56 kg/667m²、0.63 kg/667m²。

（二）各县（市、区）主要蔬菜作物施肥情况统计分析

2022 年廊坊市所调查蔬菜类型为黄瓜、胡萝卜、白菜、香菜、韭菜、菠菜、莴笋和茄子，对其施肥种类、施肥方式、施肥强度和施肥量进行汇总分析。

1. 黄瓜施肥情况分析

通过对调查问卷进行分析得出，黄瓜全生育期施肥集中在 4~6 次。所有调查户

基肥施用复合肥，主要为配方肥、磷酸二铵等，其中33.33%的调查户施用配方肥料作基肥的同时配合施用有机肥。所有调查户追施复合肥。通过对调查问卷中基肥施用方式分析，调查户基肥施用方式均为撒施。通过对调查问卷中追肥施用方式分析，50%的调查户追肥方式为撒施，50%的调查户追肥方式为水肥一体化。经核算，黄瓜总施肥强度为 55.77 kg/667m²，其中施氮肥（N）、磷肥（P_2O_5）、钾肥（K_2O）分别为 18.59 kg/667m²、18.59 kg/667m²、18.59 kg/667m²。

2. 胡萝卜施肥情况分析

通过对调查问卷进行分析得出，胡萝卜全生育期施肥集中在 2~3 次。所有调查户基肥施用复合肥，主要为配方肥、磷酸二铵等。所有调查户追施复合肥。通过对调查问卷中施肥方式分析，调查户基肥施用方式均为种肥同播，追肥方式均为撒施。经核算，胡萝卜总施肥强度为 22.50 kg/667m²，其中施氮肥（N）、磷肥（P_2O_5）、钾肥（K_2O）分别为 9.60 kg/667m²、6.90 kg/667m²、6.00 kg/667m²。

3. 白菜施肥情况分析

通过对调查问卷进行分析得出，白菜全生育期施肥集中在 3~4 次。所有调查户基肥施用复合肥，主要为配方肥、磷酸二铵等。所有调查户追施复合肥。通过对调查问卷中施肥方式分析，50%的调查户基肥施用方式为种肥同播，50%的调查户基肥施用方式为撒施。所有调查户追肥方式为冲施。经核算，白菜总施肥强度为 38.40 kg/667m²，其中施氮肥（N）、磷肥（P_2O_5）、钾肥（K_2O）分别为13.31 kg/667m²、12.85 kg/667m²、12.24 kg/667m²。

4. 香菜施肥情况分析

通过对调查问卷进行分析得出，香菜全生育期施肥集中在 3~4 次。所有调查户基肥施用复合肥，主要为配方肥、磷酸二铵等，其中 50%的调查户基肥同时施用有机肥。所有调查户追施复合肥。通过对调查问卷中施肥方式分析，调查户基肥施用方式均为撒施，追肥方式均为冲施。经核算，香菜总施肥强度为 54.35kg/667m²，其中施氮肥（N）、磷肥（P_2O_5）、钾肥（K_2O）分别为 17.75 kg/667m²、18.30 kg/667m²、18.30 kg/667m²。

5. 韭菜施肥情况分析

通过对调查问卷进行分析得出，韭菜全生育期施肥集中在 3 次。所有调查户基肥施用复合肥，主要为配方肥、磷酸二铵等。所有调查户追施复合肥。通过对调查问卷中施肥方式分析，调查户基肥和追肥施用方式均为撒施。经核算，韭菜总施肥强度为 60.40kg/667m²，其中施氮肥（N）、磷肥（P_2O_5）、钾肥（K_2O）分别为16.80 kg/667m²、16.80 kg/667m²、16.80 kg/667m²。

6. 菠菜施肥情况分析

通过对调查问卷进行分析得出，菠菜全生育期施肥集中在 2~4 次。所有调查户基肥施用复合肥，主要为配方肥、磷酸二铵等，其中 50% 的调查户施用配方肥料作基肥的同时配合施用有机肥。所有调查户追施复合肥。通过对调查问卷中施肥方式分析，调查户基肥和追肥施用方式均为撒施。经核算，菠菜总施肥强度为 49.05 kg/667m^2，其中施氮肥（N）、磷肥（P$_2$O$_5$）、钾肥（K$_2$O）分别为 16.15 kg/667m^2、16.45 kg/667m^2、16.45 kg/667m^2。

7. 莴笋施肥情况分析

通过对调查问卷进行分析得出，莴笋全生育期施肥集中在 4 次。所有调查户基肥施用复合肥，主要为配方肥、磷酸二铵等，其中 50% 的调查户施用配方肥料作基肥的同时配合施用有机肥。所有调查户追施复合肥。通过对调查问卷中施肥方式分析，调查户基肥和追肥施用方式均为撒施。经核算，莴笋总施肥强度为 60.93 kg/667m^2，其中施氮肥（N）、磷肥（P$_2$O$_5$）、钾肥（K$_2$O）分别为 20.31 kg/667m^2、20.31 kg/667m^2、20.31 kg/667m^2。

8. 茄子施肥情况分析

通过对调查问卷进行分析得出，茄子全生育期施肥集中在 5~6 次。所有调查户基肥施用有机肥。所有调查户追施复合肥。通过对调查问卷中施肥方式分析，调查户基肥施用方式均为撒施，追肥方式均为冲施。经核算，茄子总施肥强度为 14.13 kg/667m^2，其中施氮肥（N）、磷肥（P$_2$O$_5$）、钾肥（K$_2$O）均为 4.71 kg/667m^2。

（三）各县（市、区）其他作物施肥情况统计分析

2022 年廊坊市所调查其他作物类型为葡萄和花生，对其施肥种类、施肥方式、施肥强度进行分析。

1. 葡萄施肥情况分析

通过对调查问卷进行分析得出，葡萄全生育期施肥次数在 4 次以上。所有调查户基肥施用复合肥，主要为配方肥、磷酸二铵等。在进行追肥的调查户中，所有调查户追施复合肥。通过对调查问卷中基肥施用方式分析，40% 的调查户基肥施用方式为撒施，20% 的调查户基肥施用方式为水肥一体化，40% 的调查户基肥施用方式为条施。通过对调查问卷中追肥施用方式分析，80% 的调查户追肥方式为冲施，20% 的调查户追肥方式为水肥一体化。经核算，葡萄总施肥强度为 30.76 kg/667m^2，其中施氮肥（N）、磷肥（P$_2$O$_5$）、钾肥（K$_2$O）分别为 11.83 kg/667m^2、9.34 kg/667m^2、9.59 kg/667m^2。

2. 花生施肥情况分析

通过对调查问卷进行分析得出，花生全生育期施肥集中在 2 次。所有调查户基肥施

用复合肥，主要为配方肥、磷酸二铵等。所有调查户追施单质氮肥（尿素）。通过对调查问卷中基肥施用方式分析，80%的调查户基肥施用方式为撒施，20%的调查户基肥施用方式为种肥同播。通过对调查问卷中追肥施用方式分析，75%的调查户追肥方式为撒施，25%的调查户追肥方式为条施。经核算，花生总施肥强度为 19.98 kg/667m²，其中施氮肥（N）、磷肥（P_2O_5）、钾肥（K_2O）分别为 7.94 kg/667m²、6.03 kg/667m²、6.01 kg/667m²。

（四）各县（市、区）主要作物施肥量汇总分析

2022 年廊坊市所调查作物代表的播种总面积约 29.5 万 hm²，通过各作物播种面积和肥料用量计算各作物肥料用量，所有作物相加计算总用量，总用量除以总播种面积计算全市平均值。廊坊市小麦、玉米、谷子和花生等主要作物施肥强度为 14.53~60.93 kg/667m²，粮食作物、蔬菜作物和葡萄等其他作物施肥强度差异较大（表5-13）。全市主要农作物化肥总用量为 9 718.49 万 kg，其中氮肥总施用量 4 706.86 万 kg、磷肥总施用量 2 927.67 万 kg、钾肥总施用量 2 083.96 万 kg（表5-14）。粮食作物肥料施用量占比较大，占 83% 左右。

表 5-13　廊坊市主要作物施肥强度情况统计　　　　单位：kg/667m²

作物类型	施肥强度			总施肥强度
	N	P_2O_5	K_2O	
粮食作物	10.36	6.06	3.89	20.31
蔬菜作物	15.41	14.90	15.62	45.93
其他作物	11.08	8.70	8.90	28.68

表 5-14　廊坊市主要作物施肥总量情况统计　　　　单位：万 kg

作物类型	施肥量			施肥总量
	N	P_2O_5	K_2O	
粮食作物	4 120.01	2 410.05	1 546.78	8 076.84
蔬菜作物	312.30	302.00	316.65	930.95
其他作物	274.55	215.62	220.53	710.70
全市总施肥量	4 706.86	2 927.67	2 083.96	9 718.49

（五）各县（市、区）主要作物施肥种类汇总分析

通过分析，廊坊市各县（市、区）小麦、玉米、谷子、大豆等主要作物施肥类型

中，氮肥占 30%左右，复合肥占 90%以上，有机肥、单质肥等其他肥料占 10%左右。蔬菜、果树等复合肥施用占比超过 90%，有机肥、叶面肥、农家肥等施肥类型较少，不足 5%。廊坊市主要作物施肥种类比较单一，基本按照复合肥基施和单质肥追施模式，建议加大有机肥、叶面肥等的推广力度。

第二节　肥料特性

肥料是农作物的粮食，是农作物稳产高产的物质基础。科学施肥是提高作物产量，改善农产品品质和降低农业生产成本的重要因素。只有了解肥料性质，科学施肥，才能真正发挥肥料有效作用，提高肥料利用率。

一、有机肥

（一）有机肥的积极作用

有机肥肥效全面，含有大量元素（N、P、K）、中量元素（Ca、Mg、S）和微量元素（Fe、Mn、Cu、Zn、B、Mo）以及其他对作物生长有益的元素（Co、Se、Na），能为作物提供全面均衡养分。有机肥料所含的养分多以有机态形式存在，通过微生物分解转变成植物可利用的形态，可缓慢释放，长久供应作物养分。有机肥在分解过程中产生腐殖质以及胡敏酸、氨基酸、黄腐酸等，对种子萌发、根系生长均有刺激作用，促进作物生化代谢。有机肥抑制根系膜脂过氧化作用，使不同土层小麦根系超氧化物歧化酶（SOD）活性提高、丙二醛（MDA）含量降低，从而延缓根系的衰老。

有机肥料可保持和提高土壤有机氮和氮贮量，减弱无机氮对土壤的酸化作用，长期施用使耕层全氮含量提高 92.1%，下层土壤全氮增加更为明显，说明增施有机肥土壤供氮能力加强。施用有机肥料可减少土壤对磷固定，使土壤有效磷保持较高水平，对提高土壤供磷能力有明显促进作用。增加土壤有效钾，促进土壤中贮存态钾向速效钾转化。施用有机肥料有利于降低土壤容重和增加非毛管孔隙度。长期施用有机肥改变土壤不同粒级复合体的组成，促进土壤团粒结构形成。有机肥料增强土壤酶活性和微生物数量，特别是与土壤养分转化有关的微生物数量和酶活性。

（二）有机肥施用

1. 作基肥

有机肥料养分释放慢、肥效长、最适宜作基肥施用。主要适用于种植密度较大的作物。施用方法：用量大、养分含量低的粗有机肥料全层施用，在翻地时，将有机肥料撒到地表，随翻地将肥料全面施入土壤表层，然后耕入土中。养分含量高的商品有机肥料，一般在定植穴内施用或挖沟施用，将其集中施在根系伸展部位，充分发挥其肥效。集中施用最好是根据有机肥料的质量情况和作物根系生长情况，采取离定植穴一定距离施肥，肥效随着作物根系的生长而发挥作用。

2. 作追肥

腐熟好的有机肥料含有大量速效养分，也可作追肥施用。人粪尿有机肥料的养分主要以速效养分为主，作追肥更适宜。追肥是作物生长期间的一种养分补充供给方式，一般适宜进行穴施或沟施。但追肥时注意：一是有机肥料含有速效养分数量有限，追肥时，同化肥相比应提前几天。二是后期追肥主要是为了满足作物生长过程对养分的极大需要，但有机肥料养分含量低，必要时要施用适当的单一化肥加以补充。三是制定合理的基肥、追肥分配比例。地温低时，微生物活动小，有机肥料养分释放慢，可以把施用量的大部分作为基肥施用；地温高时，微生物活动能力强，如果基肥用量太多，定植前，肥料被微生物过度分解，定植后，立即发挥肥效，有时可能造成作物徒长。

3. 作育苗肥

现代农业生产中许多作物栽培均采用先在一定的条件下育苗，然后在本田定植的方法。育苗对养分需要量小，但养分不足不能形成壮苗，不利于移栽，也不利于以后作物生长。充分腐熟的有机肥料养分释放均匀，养分全面，是育苗的理想肥料。

4. 作营养土

温室、塑料大棚等保护地栽培中，种植蔬菜、花卉等特种作物较多。采用泥炭、蛭石、珍珠岩、细土为主要原料，再加入少量化肥配制成营养土和营养钵。在基质中配上有机肥料，作为供应作物生长的营养物质，在作物的整个生长期中，隔一定时期往基质中加一次固态肥料，即可保持养分的持续供应。有机肥料代替定期浇灌营养液，可减少基质栽培浇灌营养液的次数，降低生产成本。不同作物种类，可根据作物生长特点和需肥规律，调整营养土栽培配方。

二、无机肥

无机肥是化学合成方法生产的肥料，包括氮、磷、钾、复合肥。由于多为养分含量较高的速效性肥料，施入土壤后一般都会在一定时段内显著提高土壤有效养分含量，但不同种类化肥的有效成分在土壤中转化、存留期长短以及后效等不同。

（一）氮肥

1. 铵态氮肥

在农业生产中铵态氮肥应用较多，主要品种有碳酸氢铵、硫酸铵、氯化铵，都含有铵离子，都易溶于水，是速效养分，施入土壤后很快溶解于土壤中并解离释放出铵离子，作物能直接吸收利用，肥效快，这些铵离子可与土壤胶粒上原有的各种阳离子进行交换而被吸附保存，免受淋失，肥效相对较长。铵态氮肥可作基肥，也可作追肥，其中硫酸铵还可作种肥，施入土壤后未转变成硝态氮前移动性小，应施于根系集中的土层中。铵态氮肥容易分解为氨气挥发损失，温度越高，挥发损失越大，不宜在温室大棚使用，也不能撒施表土，应沟施或穴施。尤其是石灰性土壤更应深施并立即覆土，铵态氮肥应与有机肥料配合施用，以利于改土培肥。硫酸铵忌长期使用，因硫酸铵属生理酸性化肥，若在地里长期施用，会增加土壤酸性，破坏土壤团粒结构，使土壤板结而降低理化性能，不利于培肥地力。氯化铵不宜在盐碱地或忌氯作物上施用。

2. 硝态氮肥

常见的硝态氮肥有硝酸钠、硝酸钙等，硝酸铵和硝酸钾中也含有硝酸根离子，且性质更接近硝态氮。硝态氮易溶于水，可直接被植物吸收利用、速效；硝态氮肥吸湿性强，易结块，在雨季甚至会吸湿变成液体，给贮存和运输造成困难；硝酸根离子带负电荷，不能被土壤胶粒吸附，易随水移动，当灌溉或降水量大时，会发生淋失或流失；在嫌气条件下可经反硝化作用转变成分子态氮和氮氧化物气体而损失肥效。

3. 酰胺态氮肥

尿素是化学合成的酰胺态有机化合物，在土壤溶液中呈分子态存在。植物直接吸收少量尿素分子，大部分尿素分子存在于土壤溶液中，土壤黏粒矿物和腐殖质分子上的功能团以氢键形式与之互相吸附，但吸附力较弱，数量也不多，虽可避免部分尿素分子被淋失，但效果不大，绝大部分尿素分子需在脲酶作用下转变成碳酸铵或碳酸氢铵（7 d左右）后，被植物吸收利用和被土壤吸附保存。尿素转化后的性质则与碳酸氢铵完全一样，具有铵态氮的基本特性，所以尿素肥效比一般化学氮肥慢。尿素特别适宜作根外追肥，是叶面补氮的首选肥料品种。尿素可作基肥，也可作追肥，一般不作种肥，若必须用作种肥时，用量不超过 75 kg/hm²，最好与种子分开。尿素适宜在各类土壤上施用。尿素用作追肥时应比其他氮肥品种提前 3~5 d，早春更应提前一些，以利于转化。尿素施入土壤后，会很快转化为酰胺，很易随水流失，因而施用后不宜马上浇水，也不要在大雨前施用。

4. 新型氮肥

新型氮肥不同于普通的传统氮肥，是利用特殊性能的材料、改良的工艺技术制备的具有多功能特性的肥料，新型氮肥同时具备养分释放规律与作物对养分需求规律，在时间和数量上同步，通过直接或间接途径提供给农作物生长发育过程中所需要的养分，改善土壤结构，调节土壤微生物群落和理化性状，实现简约化施肥同时可避免追肥带来的额外投入及烦琐操作增加的劳动力，降低肥料损失，提高肥料肥效持续时间和利用率。随着肥料行业迅速发展，新型氮肥主要有以下几种：缓/控释肥料，如硫包衣尿素、树脂包衣尿素等；稳定性肥料，如添加了脲酶抑制剂（N-丁基硫代磷酰三胺，NBPT）、硝化抑制剂（3，4-甲基吡啶磷酸盐，DMPP）、双氰胺（DCD）等。

包膜控释肥的控释时间可在 2~12 个月，应用在玉米、小麦等作物上均有极显著增加产量、改善品质或提高观赏价值的效果，氮肥利用率比普通对照肥料提高 50%~100%，在减少 1/3~1/2 肥料用量情况下，仍有明显增产或促进作物生长发育的效果。包膜控释肥的施用量根据作物目标产量、土壤肥力水平和肥料养分含量综合考虑确定。小麦等根系密集且分布均匀的作物，可在播种前按照推荐的专用包膜控释肥施用量一次性均匀撒于地表，耕翻后种植，生长期内可不再追肥。玉米、棉花等行距较大的作物，按照推荐的专用包膜控释肥施用量，一次性开沟基施于种子的下部或靠近种子的侧部 5~10 cm 处，注意硫包膜尿素以及包膜肥料与速效肥料的掺混肥不能与种子直接接触，以免烧种或烧苗。

稳定性肥料肥效期长，养分利用率高，增产效果明显，作物后期不缺肥。氮肥有效期长达 120 d，氮素利用率高达 42%~45%，比普通肥料高 30% 以上，可用于玉米、小麦、棉花等 30 多种作物，增产率 8%~18%。稳定性肥料多为高氮肥料，以复合肥形式施用时多为专用肥料，通常采用一次性施肥，种肥距离不少于 7 cm。稳定性肥料一定结合当地种植结构及方式、常规用肥习惯进行施用。稳定性肥料在玉米上施用可以一次性施用免追肥，在比常规施肥减少 20% 用量情况下，不减产，并且能"活秆成熟"；一般以 375~825 kg/hm² 作基肥一次性施入，在打垄前施到垄底，也可种肥同播。稳定性肥料在小麦上施用可结合耕地以 600~750 kg/hm² 作基肥施入，春季返青时追施氮肥一次。

（二）磷肥

磷肥当季利用率只有 10%~25%，绝大多数土壤对磷有较强的吸持固定力，残留在土壤中的磷几乎不随土壤中的水淋失，可以在土壤中积累起来。残留在土壤中的化学磷肥绝大部分被土壤吸附固定，仅有少部分以有效磷形态存在，二者之间存在动力学平衡。当土壤有效磷由于作物吸收而降低后，土壤吸附固定的磷可通过不同方式和速度释放而转化成有效磷库。被土壤所吸附固定的残留磷并不是完全无效，可使土壤有强大和持续的供磷能力。

1. 水溶性磷肥

水溶性磷肥包括普通过磷酸钙（普钙）、重过磷酸钙（重钙）和三料磷肥以及硝酸磷肥、磷酸一铵、磷酸二铵、磷酸二氢钾等。肥料中所含磷素养分均以磷酸二氢盐形式存在，溶解于水，施入土壤后解离为磷酸二氢根离子和相应的阳离子，易被植物直接吸收利用，肥效快。但水溶性磷肥在土壤中很不稳定，易受各种因素影响而转化成植物难以吸收的形态。如在酸性土壤中，能与铁、铝离子结合，生成难溶性磷酸铁、铝盐而被固定，失去对植物的有效性；在石灰性土壤中，除少量与铁、铝离子结合外，绝大部分与钙离子结合，转化成磷酸八钙和磷酸十钙，植物一般难以吸收利用。水溶性磷肥中有效养分虽能溶解于土壤溶液中，但移动性很小，一般不超过 3 cm，大多数集中在施肥点周围 0.5 cm 范围内。水溶性磷肥既可作基肥，也可作追肥和种肥。

2. 弱酸溶性磷肥

弱酸溶性磷肥是难溶于水、能溶解于弱酸的一类肥料，包括钙镁磷肥、沉淀磷肥、脱氟磷肥和钢渣磷肥等。肥料中所含磷酸盐不溶于水，不能被植物直接吸收利用。但它能溶解于弱酸，如植物根系分泌出的有机酸或呼吸过程中产生的碳酸，对植物有一定肥效。弱酸溶性磷肥一般物理性状良好，不吸湿，不结块。弱酸溶性磷肥肥效慢而长。弱酸溶性磷肥发挥肥效须具备酸和水，缺少任何一个都将无效。在酸性土壤中弱酸溶性磷肥能逐步转化为植物可吸收形态，在石灰性土壤中则向难溶性磷酸盐转化。弱酸溶性磷肥还含有钙、镁、硅等多种成分，能为植物提供较多营养元素。

（三）钾肥

1. 速效钾肥

速效钾肥主要是氯化钾和硫酸钾，都溶于水，可被作物直接吸收利用，且养分含量较高（氯化钾含 K_2O 60%左右，硫酸钾含 K_2O 50%左右）；都是化学中性、生理酸性肥料，能增加土壤酸度。最适宜在中性或石灰性土壤上施用，在酸性土壤上应配合施用石灰。施入土壤后，钾离子被土壤胶粒吸附，移动性小，不易随水流失或淋失。氯化钾含有氯离子，不宜在盐碱地或忌氯作物上施用，忌氯作物如薯类、西瓜、葡萄、甜菜等，在其他地块或作物上施用应首选氯化钾。硫酸钾含硫酸根，虽可为植物提供硫素营养，但其含量远超过作物需要量，与钙结合后会生成溶解度较小的硫酸钙，长期施用后堵塞土壤孔隙，造成板结，应与有机肥配合施用。

2. 其他钾肥

草木灰中的钾素以碳酸钾为主，是速效性肥料，为化学碱性肥料，不能与铵态氮肥、腐熟的人粪尿等混合，沟施、穴施均可，尤其适宜作根外追肥，可用 10%~20% 的水浸提液叶面喷洒。也可用于浸种、拌种和盖秧田、蘸秧根等。

三、中微量元素肥料

中微量元素肥料种类多，品种也多，施用时注意针对性、高效性和毒害性。

（一）铁肥

铁是植物正常生长发育所必需的微量元素中最重要的元素之一，对作物光合作用、呼吸作用和氮代谢具有重要作用，是许多酶的成分，参与 RNA 代谢、叶绿体中捕光器和叶绿素形成，还参与光合磷酸化作用和呼吸作用。作物体内的铁还原蛋白可激活叶绿素前体合成过程中的一种酶，影响叶绿素合成。铁是作物体内细胞色素酶、过氧化氢酶等重要酶的辅助因子。

缺铁，茎叶叶脉间失绿黄化，严重时整个新叶变黄，叶脉也逐渐变黄。老叶也表现出叶脉黄化的病症，叶缘或叶尖出现焦枯及坏死，继续发展则叶片脱落，植株生长停滞并死亡。玉米缺铁，上部嫩叶失绿、黄化，接着向中、下部叶发展，叶片呈现黄绿相间条纹，严重时叶脉黄化、叶片变白。小麦缺铁，叶色黄绿，发生小斑点，嫩叶出现白色斑块或条纹，老叶早枯。

常用的铁肥有无机铁肥、有机铁肥、螯合铁肥。无机铁肥有硫酸铁、硫酸亚铁，硫酸铁和硫酸亚铁主要作土壤基肥，也可作追肥。有机铁肥的代表主要有尿素铁络合物、黄腐酸二胺铁、EDTA 螯合铁等。EDTA 螯合铁主要用于基肥或者追肥，有机铁肥和螯合铁肥主要用于叶面喷施。果树上用作基肥使用量 75~150 kg/hm²；浸种使用浓度 0.05%~0.1%，玉米等谷类种子浸泡时间 2 h、大豆 6~12 h；拌种用肥 4 g/kg；叶面喷施浓度 0.05%~3%，用肥 4 500~9 000 g/hm²。

（二）锰肥

锰是植物叶绿素和叶绿体的组成成分，直接参与光合作用。植物缺锰，首先表现叶肉失绿，叶脉仍为绿色，禾本科作物为平行叶脉，失绿叶片为长条形，双子叶植物为网状叶脉，失绿叶片为圆形。叶脉间的叶片凸起，使叶片边缘起皱。严重时失绿叶片扩大相连，叶片上出现褐色斑点，甚至烧灼显现，且停止生长。玉米缺锰症状是从叶尖到基部沿叶脉间出现与叶脉平行的黄绿色条纹，幼叶变黄，叶片柔软下垂，茎细弱，籽粒不饱满、排列不齐，根细而长。小麦缺锰时患病初期叶色褪淡，与叶平行处出现许多黄白色的细小斑点，病状逐渐扩大，造成叶片离尖端 1/3 或 1/2 处折断下垂。病株须根少，且根细而短，有的变黑或变褐而坏死。植株生长缓慢，无分蘖或少分蘖。

锰肥属酸性肥，适用于马铃薯、小麦等作物。常用锰肥是硫酸锰，属水溶性速效锰，采用根外追肥、浸种或拌种等方法。硫酸锰的浸种浓度为 0.1%~0.2%，浸种时间 8 h；拌种时种子用锰肥 4~8 g/kg；根外追肥、苗期和生殖生长初期效果较好，大田作物喷施浓度为 0.05%~0.1%，果树喷施浓度为 0.3%~0.4%；作种肥时用量 60~120 kg/hm²，最好与硫酸铵、氯化铵、氯化钾等生理酸性肥料或过磷酸钙以及有机肥混合施用，减少土壤固定。氯化锰为粉红色结晶，易溶于水，弱酸性基肥、追肥用量 15~60 kg/hm²，可与生理酸肥及农肥混施。

（三）铜肥

铜在植物体内以络合物形态存在，且在植物体内的移动性决定于供应水平，供应水平高时移动性强，反之则弱；铜也有变价功能，在植物生理代谢过程，以铜酶形态参与氧化还原反应，铜蛋白对植物木质化产生影响，同含氮有机化合物有很强亲和力，使病原体蛋白质破坏。铜还是多酚氧化酶、酚酶成分，直接影响抗菌剂酚类物质及其氧化物的合成，增强多酚氧化酶的活性，提高作物的抗病能力。

缺铜叶片容易缺绿，从叶尖开始失绿、干枯和卷曲，禾本科植物症状基本相似，叶尖呈灰黄色，后变白色，分蘖多但不抽穗或穗很少，穗空发白，植株矮小顶枯，节间缩短像一丛草，严重时颗粒无收。玉米缺铜顶部和心叶变黄，生长受阻，植株矮小丛生，叶脉间失绿一直发展到基部，叶尖严重失绿或坏死，果穗很小。小麦缺铜上位叶片黄化，新叶叶尖黄白化，质薄，扭曲，披垂，易坏死，不能展开；老叶在叶舌处弯曲或折断，叶尖枯萎，叶鞘下部出现灰白色斑点，花器官发育不良。

铜肥属酸性肥，适于苹果、番茄等作物，可作基肥、种肥或追肥。只有硫酸铜溶于水。重施于石灰砂壤土和肥沃富含钾、磷的土壤。浸种用水 10 kg，加铜肥 2 g，另加 5 g 氢氧化钙。根外喷洒肥量加倍，加氢氧化钙 100 g。掺拌种子 1 kg，仅需铜肥 1 g。

（四）锌肥

植物体内许多重要的酶的组成成分都含有锌，如 RNA 聚合酶、乙醇脱氢酶、铜锌超氧化物歧化酶、碳酸酐酶等。在糖酵解过程中，它是磷酸甘油醛脱氢酶、乙酸脱氢酶等的活化剂。色氨酸是生长素的重要组成成分，锌能促进吲哚乙酸和丝氨酸合成色氨酸。锌通过影响二氧化碳的水合作用影响植物代谢，还是核糖体重要的组成元素，能促进植物生殖器官发育，提高植物抗逆性。

缺锌植株矮小，节间缩短，幼苗新叶基部变薄、变白、变脆，呈半透明状继而向叶缘扩张，被风吹时易撕裂破碎，呈白绿相间，严重时叶梢由红变褐，整个叶片干枯死亡。玉米缺锌症为幼苗生长受阻并缺乏叶绿素，叶片叶脉间出现浅黄色或白色条纹，病株节间缩短，植株矮小，茎秆细弱，抽雄吐丝延迟，果穗发育不良，形成缺粒不满尖的果穗。小麦缺锌植株矮小，叶片主脉两侧失绿，形成黄绿相间条带，条带边缘清晰、下部老叶呈水渍状而干枯死亡；雄蕊发育不良，花药瘦小，花粉少，有时畸形无花粉，子房膨大，生育期推迟，有时边抽穗边分蘖，影响麦穗形成；根系不发达，抽穗迟，穗小，粒少。

锌肥属碱性肥，以硫酸锌为主，适用于任何作物，锌肥有七水硫酸锌、一水硫酸锌、氧化锌、氯化锌、木质素磺酸锌、环烷酸锌乳剂和螯合锌。锌肥可作基肥、追肥、种肥。七水硫酸锌可作基肥或者追肥，但在土壤中流动性较差，易被土壤固定。氯化锌为白色粉末或颗粒，溶于水，弱酸性，可叶面喷施，另加熟石灰作追肥。

（五）硼肥

硼是植物正常生长发育所必需的微量营养元素之一，对植物生理功能起重要调节作用。合理施用硼肥促进植物生长发育，增加色素含量，提高光合效率和干物质积累。硼对植物体内生长素合成有重要作用，硼和酚类发生反应降低生长素含量，抑制吲哚乙酸活性使生长素含量适宜。硼有利于植物体内腺嘌呤转化为核酸，缺硼或过量硼营养导致植物体内核酸分解加剧，RNA 和 DNA 含量下降，通过影响植物体内蛋白质和核酸代谢影响植物细胞伸长和生长，进而影响植物正常生长和发育。

缺硼植物生长点受阻，节间变短，植株矮化，顶端枯萎，并有大量腋芽簇生，叶片不平整，易变厚变脆，卷曲萎缩，叶柄短粗甚至开裂。缺硼使作物花少而且小，结实率或坐果率降低，空壳率高，甚至出现"花而不实"的现象。玉米缺硼植株新叶狭长，幼叶展开困难，且叶片簇生，直脉间组织变薄，呈白色半透明条纹，雄穗不易抽出，雌穗发育畸形，果穗短小畸形，靠近茎秆一边果穗皱缩缺粒且分布不规则，甚至形成空秆。小麦缺硼症状一般在新生组织先出现，表现为顶芽易枯死，开花持续时间长，有时边抽穗边分蘖，生育期延长；雄蕊发育不良，花药瘦小，花粉少或畸形，子房横向膨大，颖壳前后不闭合；后期枯萎。

硼肥以硼砂和硼酸应用最为普遍。硼砂为白色结晶或粉末，易溶于 40 ℃热水，碱性。硼酸易溶于热水，弱酸性。可作基肥、种肥、种子处理和根外追肥，适用于油菜、大豆和果树等。

（六）钼肥

钼是植物中醛氧化酶、亚硫酸盐氧化酶、黄嘌呤脱氢酶、黄质氧化酶、硝酸还原酶和固氮酶的组成成分，参与核酸代谢、磷代谢和维生素代谢，对光合作用和糖代谢有影响。钼最重要的生理功能是参与植物氮代谢，特别是硝酸还原和氮固定过程，促进激素和嘌呤合成，提高植物抗寒能力、种子活力和休眠度，促进叶绿素合成，促进作物对磷吸收和无机磷向有机磷转化。

缺钼以豆科作物最为敏感，症状首先表现在老叶上，叶片叶脉间失绿。形成黄绿或橘红色的叶斑，严重时茎软弱，叶尖灰色，叶缘卷曲，凋萎以致坏死，继而向新叶发展，有时生长点死亡。豆科作物根瘤小而色淡，发育不良，开花结果延迟。玉米缺钼首先在老叶上出现失绿或黄斑症状，叶尖易焦枯，严重时根系生长受阻，造成大面积植株死亡。小麦缺钼易在苗期，发病时叶色褪淡，初期老叶叶片前半部沿叶脉平行出现细小白色斑点，后逐渐接连成线状，叶缘向叶面一侧卷曲、干枯，直至整株枯死或不能抽穗。

钼肥适用于豆科及十字花科作物，可作基肥、种肥、追肥，以钼酸盐应用较广泛。钼酸铵、钼酸钠常用于种子处理和根外追肥。

（七）钙肥

钙在植物体内一般分布在新陈代谢较旺盛的组织中，如幼嫩梢部、叶片、花、果实及其他分生组织中。植物吸收钙主要依靠蒸腾拉力。钙被转运到植株生长发育的器官之后，就很少发生再分配和转运；由于叶片蒸腾作用大于果实以及其他幼嫩部位，因而获得钙能力较强，钙的移动性在韧皮部相对较差，难以再运输和分配到果实及新生部位，因此发生缺钙。

缺钙症状首先出现在新生组织和果实上。缺钙时，植株生长受阻，节间较短，植株的顶芽、侧芽、根尖等分生组织首先出现缺素症，易腐烂死亡；幼叶卷曲畸形，叶缘变黄逐渐坏死；果实生长发育不良，出现病变。玉米缺钙时植株矮小，叶缘有时呈白色锯齿状不规则破裂，新叶尖端粘连，不能正常生长，老叶尖端出现棕色焦枯。小麦缺钙生长点及茎尖端死亡，植株矮小或簇生状，幼叶往往不能展开，长出的叶片出现缺绿，根系短，分枝多，根尖往往分泌透明黏液，球形附在根尖上。

常用的有石灰、石膏、含钙的氮磷钾化肥等。石灰可作基肥和追肥，不能作种肥。施用时要撒施，力求均匀，防止局部土壤过碱或未施到，条播作物可少量条施。番茄、甘蓝等可在定植时少量穴施，不宜连续大量施用石灰。石灰肥料不能和铵态氮肥、腐熟的有机肥和水溶性磷肥混合施用，以免引起氮损失和磷退化导致肥效降低。碱土可施用石膏，一般施 $375\sim450$ kg/hm^2。水溶性钙肥可叶面喷施。

（八）镁肥

镁参与植物体内叶绿素的合成，参与蛋白质的合成，连接核糖体亚单位，将核糖体亚单位结合在一起，形成稳定的核糖体颗粒，为蛋白质合成奠定基础，是植物体内很多酶的活化剂，也是许多酶的重要合成物质，还参与许多酶促反应。

缺镁表现是叶绿素含量下降，出现失绿症。植株矮小，生长缓慢，双子叶植物脉间失绿，逐渐由淡绿色转变为黄色或白色，还会出现大小不一的褐色或紫红色斑点，严重时整个叶片坏死。作物缺镁老组织先出现症状，叶片通常失绿，始于叶尖和叶缘的脉间色变淡，由淡绿变黄再变紫，随后向叶基部和中央扩展，但叶脉仍保持绿色，在叶片上形成清晰脉纹，出现各种色泽晕斑。严重时叶片枯萎、脱落。玉米缺镁，下位叶先是叶尖前端脉间失绿，并逐渐向叶基部扩展，叶脉仍保持绿色，呈黄绿色相间条纹，有时局部出现绿斑，叶尖及前端叶缘呈现紫红色，严重时叶尖干枯，脉间失绿部分出现褐色斑点或条斑。小麦缺镁时叶片脉间出现黄色条纹，残留小绿斑相连成串如念珠状，心叶挺直，下位叶片下垂，老叶与新叶之间夹角大，有时下部叶缘出现不规则的褐色焦枯。

镁肥包括镁的氧化物、硫酸盐、碳酸盐、硝酸盐、氯化物和磷酸盐、硅酸盐等，其有固态和液态。固态镁肥有的溶解性比较高，但也有的属微溶性。镁肥宜作基肥，也可作追肥和叶面喷施。在强酸性土壤上，适宜施用钙镁磷肥、白云石灰等缓效镁肥，在弱酸性土壤中，施用硫酸镁有利于作物生长。镁肥可作土壤基肥，也可作追肥和根外追肥，镁在植物生长发育前期作用较明显，适宜作基肥，但许多镁肥肥效并不持久，需追肥。

（九）硫肥

植物体内的硫脂是高等植物内同叶绿体相连的最普遍组分，硫以硫脂方式组成叶绿体基粒片层，硫氧还蛋白半胱氨酸-SH 在光合作用中传递电子，形成铁氧还蛋白的铁硫中心参与暗反应。硫是组成蛋白质的半胱氨酸、胱氨酸和蛋氨酸等含硫氨基酸的重要组成成分，蛋白质的合成常因胱氨酸、甲硫氨酸的缺乏而受到抑制。施硫提高作物必需氨基酸，尤其是甲硫氨酸，而甲硫氨酸在许多生化反应中可作为甲基供体，不仅是蛋白质合成起始物，也是评价蛋白质质量的重要指标。

硫在植物体内移动性差，缺硫症状先出现于幼叶。植物缺硫一般症状为植物发僵、新叶失绿黄化；双子叶植物缺硫症状明显，老叶出现紫红色斑；禾谷类植物缺硫开花和成熟期推迟，结实率低，籽粒不饱满。玉米缺硫初发时叶片叶脉间发黄，随后发展至叶色和茎部变红，并先由叶边缘开始，逐渐伸延至叶片中心。幼叶多呈现缺硫症状，而老叶保持绿色。小麦缺硫通常表现为幼叶叶色发黄，叶脉间失绿黄化，而老叶仍为绿色，年幼分蘖趋向于直立。

硫肥主要有含硫化肥、石膏和硫黄、有机肥等。含硫化肥包括硫酸铵、过磷酸钙、硫酸钾、硫基复合肥等。石膏和硫黄也常作为硫肥施用，石膏可作基肥、追肥和种肥，提供硫素营养。

四、有机无机复合肥

有机无机复合肥中有机质部分具有分散多孔的结构以及含有较多的活性官能团，可通过影响化肥养分释放、转化和供应调节化肥养分供应，优化化肥养分利用效果。有机物料与化肥复配制成有机无机复混肥，有机物料对化肥成分产生改性作用以及相互间的交互作用，对养分尤其是化肥氮、钾素的释放和磷肥固定产生一定调节作用，促进作物对养分的吸收，不仅提高养分综合利用效率，对化肥养分利用率提高也有一定促进效果。施用有机无机复合肥料的土壤有机质和全氮均较等养分量的化肥高，但低于施用同肥量的堆肥和秸秆有机肥，有机无机复混肥处理的土壤碱解氮、有效磷和速效钾相比单施化肥增加。有机无机升级产品通过活性微生物成分的添加，增加土壤中有益优势菌群数量，改善作物根际环境，提高养分吸收利用程度，有助于有机无机复合肥料增产优势发挥。

有机无机复合肥可以作为基肥、追肥和种肥使用。但作为种肥的时候，应避免与种子直接接触，避免有机物分解以及化肥对种子发芽产生不必要的危害。根据肥料中的有效成分含量和比例、土壤养分、作物种类和作物生长发育情况，确定合理的施用量。

五、水溶肥

　　水溶肥养分自由搭配，除能提供传统肥料所含有的氮、磷、钾等营养物质外，还可以自由搭配腐植酸、氨基酸、生长激素、农药等，水肥一体肥效利用率高。按照剂型分类可分为水剂型（清液型、悬浮型）和固体型（粉状、颗粒状）。按照肥料组分分类可分为养分类、植物生长调节剂类、天然物质类和混合类。按照肥料作用功能分类可分为营养型和功能型。一般而言，水溶性肥料含有作物生长所需要的全部营养元素，如氮、磷、钾、钙、镁、硫以及微量元素等，可根据作物生长所需要的营养需求特点来设计配方，满足作物对各种养分的均衡需求，并可根据作物不同长势对肥料配方作调整。植物的生长需要很多不同营养物质，主要有促进叶绿素合成、提升产量的氮；促进细胞分裂和幼苗加速成长的磷；促进幼果快速膨大的钾；促进授粉受精，提高坐果率的硼；提升植株抗病能力的锌和促进光合作用、加速代谢的镁等。水溶肥可实现养分自由搭配，可根据农作物的品种和生长周期所需营养元素的特性，实现因品施肥和因时施肥。水肥一体是其最主要的特点，水溶肥施用方便，节约劳动力，节约作物用水量，肥效利用率高，节约肥料用量。

六、微生物肥料

　　微生物肥料是一类含有微生物的特定制剂应用于农业生产中，能够获得特定的肥料效应。因其含有特定功能微生物，可诱导土壤有益微生物通过固氮、解磷、解钾和对其他元素的增溶作用来改善土壤养分。也可以产生生理活性物质，微生物肥料施入土壤后，可通过微生物的代谢活动产生各种生理活性物质，如植物维生素、酸类物质等，从而调节植物生长发育。施用微生物肥料后功能微生物在土壤中繁殖，能够改变土壤微生物群落结构，为植物生长提供健康的环境。微生物肥料将土壤微生物群落调节到适当的水平，从而保持植物的健康。微生物肥料使土壤微生物多样性和丰富度增加，改变土壤微生物群落组成，使土壤中微生物群落丰度增加。微生物肥料控病机制主要是限制病原菌的定殖和传播，改变微生物环境平衡，促进植物生长，诱发植物产生抗性，产生铁载体将铁螯合起来，抑制有害微生物的生长，产生抗生素。微生物肥料改善土壤酶活性，对根际土壤中过氧化氢酶、蔗糖酶、碱性磷酸酶及脲酶等酶的活性有影响。微生物肥料促进土壤酶活性的增加，提高植物利用土壤中养分的能力，为植物生长提供良好的生存环境，对增加作物产量具有重要作用。微生物肥料激活植物系统抗性不仅表现在对病害的防治作用，有些细菌肥料的特殊微生物可提高宿主的抗旱性、抗盐碱性、抗极端温湿度和极端 pH 值、抗重金属毒害等能力，提高宿主植株的逆境生存能力。

第三节　分区施肥指导建议

一、施肥指标体系建立依据

根据廊坊市土壤检测数据、田间试验、肥料配方对比试验结果、土壤类型，历年冬小麦、夏玉米主要农作物施肥指标体系和配方等资料，结合当地农业生产情况，对冬小麦、夏玉米主要农作物一定目标产量下建立相应的施肥指标体系，提出合理施肥配方建议。

1. 廊坊市土壤养分状况

2020 年廊坊市土壤有机质、全氮、有效磷、速效钾变化范围分别为 3.10 ~ 40.20 g/kg、0.18~2.28 g/kg、1.70~333.00 mg/kg、53.00~914.00 mg/kg；平均值分别为 16.20 g/kg、1.00 g/kg、30.21 mg/kg、193.86 mg/kg；变异系数分别为 31.40%、31.29%、130.78%、55.60%。按照 DB 13/T 5406，土壤有机质、全氮、有效磷、速效钾含量分别处在三级（中）、三级（中）、一级（高）、一级（高）水平。

2. 作物对营养元素的需求特征

每形成 100 kg 小麦籽粒平均需吸收氮（N）3.0 kg，磷（P_2O_5）1.25 kg，钾（K_2O）2.5 kg；每形成 100 kg 玉米籽粒平均需吸收氮（N）2.57 kg，磷（P_2O_5）0.86 kg，钾（K_2O）2.14 kg。磷的营养临界期，玉米在出苗后 1 周，小麦在分蘖始期。氮的临界期比磷稍晚一些，一般在营养生长到生殖生长过渡时期，小麦在分蘖和幼穗分化两个时期，玉米在幼穗分化期。植物营养临界期的养分供应主要靠基肥或种肥供应。植物营养最大效率期往往在植物生长最旺盛的时期，此时植物吸收养分的绝对数量和相对数量最多，小麦在拔节—孕穗期，玉米在大喇叭口期。

二、主要作物施肥指标体系和施肥配方

依据廊坊市各县（市、区）近年土壤养分数据、土壤供肥特点、肥料试验和肥效对比试验数据、相似类型区同类作物养分管理试验数据，参照各种作物养分吸收规律、肥料利用率以及土壤养分校正系数等参数，修订了廊坊市的冬小麦、夏玉米施肥指标体系和推荐施肥配方（表5-15、表5-16）。

（一）冬小麦推荐施肥及管理技术建议

（1）精选种子，药剂拌种或种子包衣。

（2）收获前茬玉米的同时或者玉米收获后，将玉米秸秆粉碎 2 ~ 3 遍，长度 3 ~ 5 cm，均匀铺平。

（3）根据土壤磷钾肥供应情况，底肥选择施用含缓控释氮肥的掺混肥或者复合肥 35~40 kg/667m²。有条件的地块可施用商品有机肥 150~200 kg/667m² 或含低温秸秆降解菌的生物有机肥 80~100 kg/667m²，含缓控释氮肥的掺混肥或者复合肥 30~35 kg/667m²。

（4）连续 3 年以上旋耕的地块，建议深耕或深松 25 cm 以上。最近 3 年内深耕过的地块，可以旋耕 2 遍，深度 15 cm 左右。深耕或旋耕后整平地块，做到耕层上虚下实。

（5）最佳播期控制在 10 月 5—12 日，播深 4~5 cm，播种量为 12~14 kg/667m²，保证基本苗 20 万~22 万/667m²，播后建议镇压。

（6）冬前苗期观察灰飞虱、叶蝉等害虫发生情况，及时防治；根据冬前降水情况和土壤墒情决定是否灌冻水；需灌冻水时，在昼消夜冻时灌冻水，时间在 11 月 25 日至 12 月 10 日。

（7）冬季适时镇压，弥实地表裂缝，防止寒风飕根，保墒防冻。

（8）正常苗情，返青期不浇水，蹲苗控节。旺长和株高偏高的麦田，在起身期前后喷施生长延缓剂控制倒伏。如果苗情偏弱，追施返青肥尿素 5~6 kg/667m² 并结合灌水。注意观察纹枯病发生情况，发现及时防治；正确进行化学除草。

（9）拔节期前后重施肥水，促大蘖成穗；拔节追施含有氮钾元素的配方肥或尿素 10~12 kg/667m²，灌水追肥时间在 4 月 10—15 日。

（10）如果有水肥一体化条件，强筋品种或有脱肥迹象的麦田，开花灌浆时（5 月 5—10 日）随灌水施尿素 3~4 kg/667m²；及时防治蚜虫、吸浆虫和白粉病。

表 5-15　廊坊市冬小麦施肥指标体系

目标产量/ （kg/667m²）	土壤有机质/ （g/kg）	土壤全氮/ （g/kg）	推荐施纯 N 量/ （kg/667m²）	土壤有效磷/ （mg/kg）	推荐施 P₂O₅ 量/ （kg/667m²）	土壤速效钾/ （mg/kg）	推荐施 K₂O 量/ （kg/667m²）
≤500	≤15	≤0.90	12~13	≤15	4~5	≤100	4~5
	15~20	0.90~1.20	11~12	15~20	3~4	100~120	3~4
	20~25	1.20~1.50	10~11	20~25	2~3	120~140	2~3
	>25	>1.50	9~10	>25	—	>140	—
500~550	≤15	≤0.90	13~14	≤15	5~6	≤100	5~6
	15~20	0.90~1.20	12~13	15~20	4~5	100~120	4~5
	20~25	1.20~1.50	11~12	20~25	3~4	120~140	3~4
	>25	>1.50	10~11	>25	2~3	>140	2~3

（续表）

目标 产量/ （kg/667m²）	土壤 有机质/ （g/kg）	土壤全氮/ （g/kg）	推荐施 纯N量/ （kg/667m²）	土壤 有效磷/ （mg/kg）	推荐施 P₂O₅量/ （kg/667m²）	土壤 速效钾/ （mg/kg）	推荐施 K₂O量/ （kg/667m²）
	≤15	≤0.90	14~15	≤15	6~7	≤100	6~7
550~600	15~20	0.90~1.20	13~14	15~20	5~6	100~120	5~6
	20~25	1.20~1.50	12~13	20~25	4~5	120~140	4~5
	>25	>1.50	11~12	>25	3~4	>140	3~4
	≤15	≤0.90	15~16	≤15	7~8	≤100	7~8
>600	15~20	0.90~1.20	14~15	15~20	6~7	100~120	6~7
	20~25	1.20~1.50	13~14	20~25	5~6	120~140	5~6
	>25	>1.50	12~13	>25	4~5	>140	4~5

（二）夏玉米推荐施肥及管理技术建议

（1）选择适宜高产品种，进行药剂拌种，减轻病害发生率。

（2）小麦收获后及时抢茬直播，留茬高度小于20 cm。一般于6月10—20日播种。采用55~60 cm等行距或大小行足墒机械播种，播种量2.5~3 kg/667m²。播种时墒情不好的，播后及时浇灌蒙头水，确保全苗。

（3）紧凑型品种留苗密度4 500~4 800株/667m²，平展型品种4 000~4 500株/667m²。

（4）科学施肥。

①夏玉米以化肥为主，平衡氮、硫、磷、锌营养，采用种肥同播机械，一次性将种子和肥料同时施入土壤，后期不再追肥。

②根据土壤供肥情况，基肥选择施用含有缓控释效果的掺混肥或者复合肥40 kg/667m²；有条件的地块可施用颗粒状商品有机肥150~200 kg/667m²或颗粒状生物有机肥80~100 kg/667m²，施用商品有机肥或者生物有机肥的地块，掺混肥或复合肥可以减至35 kg/667m²。缺锌地块增施硫酸锌1~1.5 kg/667m²。

③有水肥一体化灌溉条件的地块，基肥施用含有缓控释效果的掺混肥或复合肥30 kg/667m²；结合灌水在大喇叭口期—灌浆初期根据玉米长势追施含氮或者含氮钾的肥料5~10 kg/667m²。

（5）播种后，及时进行化学除草，并注意后期病虫害防治。主要有黏虫、蓟马、玉米螟、二点委夜蛾、草地贪叶蛾、病毒病、粗缩病等。

（6）玉米成熟期即籽粒乳线基本消失时收获，收获后及时晾晒。玉米收获后，及时进行秸秆还田。

表 5-16　廊坊市夏玉米施肥指标体系

目标产量/(kg/667m²)	土壤有机质/(g/kg)	土壤全氮/(g/kg)	推荐施纯 N 量/(kg/667m²)	土壤有效磷/(mg/kg)	推荐施 P_2O_5 量/(kg/667m²)	土壤速效钾/(mg/kg)	推荐施 K_2O 量/(kg/667m²)
≤600	≤15	≤0.90	13~14	≤15	5~6	≤100	6~7
	15~20	0.90~1.20	12~13	15~20	4~5	100~120	5~6
	20~25	1.20~1.50	11~12	20~25	3~4	120~140	4~5
	>25	>1.50	10~11	>25	—	>140	3~4
600~650	≤15	≤0.90	14~15	≤15	6~7	≤100	7~8
	15~20	0.90~1.20	13~14	15~20	5~6	100~120	6~7
	20~25	1.20~1.50	12~13	20~25	4~5	120~140	5~6
	>25	>1.50	11~12	>25	3~4	>140	4~5
650~700	≤15	≤0.90	15~16	≤15	7~8	≤100	8~9
	15~20	0.90~1.20	14~15	15~20	6~7	100~120	7~8
	20~25	1.20~1.50	13~14	20~25	5~6	120~140	6~7
	>25	>1.50	12~13	>25	4~5	>140	5~6
>700	≤15	≤0.90	16~17	≤15	8~9	≤100	9~10
	15~20	0.90~1.20	15~16	15~20	7~8	100~120	8~9
	20~25	1.20~1.50	14~15	20~25	6~7	120~140	7~8
	>25	>1.50	13~14	>25	5~6	>140	6~7

第六章 耕地资源提质增效

耕地是农业的基础和命脉，是最为宝贵的农业资源和农业生产要素。一方面，由于我国人口基数大，人均耕地面积所占比例较小，而且由于城镇化的扩张和基础建设等方面对耕地资源的占用，导致我国耕地资源得不到有效保护，大量农田被侵占。另一方面，由于人口对粮食产量的大量需求，导致我国在相当长的时期内为追求高产大量使用农药化肥等生产资料，加之管理经营粗放，导致耕地面源污染问题日益突出，健康环保的耕地资源数量迅速减少。

因此，为保证我国18亿亩（1亩≈667 m²）耕地红线数量和质量改善，贯彻落实中央文件精神和中共中央关于加强生态文明建设的部署，推动实施耕地质量保护与提升行动，着力提高耕地内在质量，实现藏粮于地，夯实国家粮食安全基础，农业农村部制定了《耕地质量保护与提升行动方案》。

第一节 耕地资源提质增效的意义

耕地资源提质增效是指通过不断优化和调整农业种植结构，提高耕地利用效率，增加农业生产效益，并且有效保护和增加耕地数量和质量。从根本上提升耕地的产出能力和质量，以满足不断增长的人民生活需要。耕地提质增效对于农业的可持续发展具有重要意义，能够更好地满足人民日益增长的食品需求，促进国家发展和农村经济的发展。

一、耕地资源提质增效是确保我国粮食安全的重要措施

粮食安全包括供应安全、质量安全和获取安全。供应安全就是要确保人口能够获得足够的粮食，以满足其营养需求。质量安全就是要保证粮食不含有害物质，符合卫生标准，能够保证消费者的健康。获取安全就是确保所有人都能够买得起并获得必要的粮食，不受经济、社会或地理等因素的限制。我国粮食安全不仅是"三农"工作的重中之重，更是应对复杂国际环境、保持经济社会健康持续发展和人民生命健康的重大基础战略。长期以来，我国庞大人口基数对粮食的大量需求与耕地资源数量和质量的持续下降之间的矛盾，以及在全球金融危机和粮食危机等复杂的国际环境背景下，要求我们必

须通过提升耕地质量来保障我国粮食安全。

二、耕地资源提质增效是提高粮食单产水平的重要保障

耕地资源质量直接影响着作物单产水平的稳定和提高。目前，我国水稻、小麦和玉米3种主要粮食作物地力贡献率分别为60.2%、45.0%、51.0%，美国小麦和玉米产量的地力贡献率较我国高出约20个百分点。最重要的原因就是我国多数地区耕地资源质量总体水平不高，限制了作物高产潜力的发挥。因此，要想充分提高作物单产，增加粮食产量，除通过育种技术改善作物种质外，最重要的就是要改善耕地质量。

三、耕地资源提质增效是水肥资源高效利用的重要基础

由于我国多数耕地资源质量较低，土壤保水保肥、耐水耐肥性能差，加之长期粗放管理经营，增产或维持高产过度依赖化肥、农药的大量使用，导致我国农业投入远高于发达国家，使得我国农产品生产成本仍然居高不下、农产品品质较差，农业产业国际竞争力弱，农业生产经济效益低下。因此，要想提高农业产品产量和品质、提升国际竞争力，就必须依靠科技提高耕地资源质量和生产管理方式。

耕地资源提质增效需要政府部门和农业生产者共同努力。政府方面应该采取有效的政策和措施，加强耕地的保护和治理，确保耕地的生产环境和生态环境无污染可持续发展；同时，鼓励农业生产者积极推广高效节能的现代农业技术，推广耕地集约化、标准化、规模化管理等，大力提高耕地的产出效益。通过两者的共同努力，不断加强对耕地保护和治理，积极推行科技创新，优化种植结构，农业市场竞争力和农产品质量、数量等都能得到全面提升。

第二节　廊坊市耕地资源利用面临的主要问题

廊坊市南北部地形分布、水资源分布、灌溉设施差异以及地区间施肥差异导致耕地质量差异，致使耕地资源利用过程中存在一些亟待解决的问题。

一、耕地资源分布不均

廊坊市北部地区地势较高，地貌类型较多，三河市东北隅有小面积低山丘陵；在山地丘陵西部和南部，沿燕山南麓，呈东西带状分布着山麓平原；再往南沿香河县中部和南部为冲积平原区。廊坊市的中、南部地区全部为冲积平原区，地貌类型平缓单一，总面积5 179 km²，占全市总面积的80%以上。2020年，北部三河市、大厂回族自治县、香河县三地1~3级和4~6级耕地面积分别占总耕地面积的10.16%、3.52%，没有7~9

级耕地；南部广阳区、安次区、永清县等其余7县（区），1~3级、4~6级和7~9级耕地面积分别占总耕地面积的7.4%、70.5%和8.42%。高肥力和低肥力耕地面积分布较少，中等肥力耕地占耕地资源的70%以上，且主要分布在中、南部冲积平原区。

二、耕地盐渍化程度较轻，但分布集中

土壤盐渍化是指土壤底层或地下水的盐分随毛管水上升到地表，水分蒸发后，使盐分积累在表层土壤中的过程，也称盐碱化。由于化学肥料的长期使用，肥料品种单一以及施用量过大，很难被土壤吸收，造成土壤中富集盐类物质，土壤盐分浓度增加，土壤盐渍化程度加重。土壤盐渍化不仅危害作物的根系生长，而且影响作物吸收矿质元素和水分，使作物的正常生理代谢受到干扰，对作物生长发育造成较大影响。

廊坊市耕地盐渍化程度均处于"轻度"状态，主要分布在北部地区的香河县和南部地区的大城县。其中，香河县盐渍化耕地主要分布在1~2级耕地，面积为516.93 hm²；文安县盐渍化耕地面积为1 191 hm²；永清县盐渍化耕地面积为726 hm²；大城县盐渍化耕地面积较大，为22 712.36 hm²，占全部耕地面积的8.20%；其余县（区）耕地没有明显的盐渍化现象。大城县、文安县和永清县耕地盐渍化大面积分布主要是因为其县域内地形为平原，且地处河北平原的低洼部分，属近海低洼平原地带；县域内水资源供应不足导致耕地灌溉能力差，土壤盐碱淋洗较弱且利于盐分表面聚集；土壤有机质和有效磷等土壤养分较低导致作物生长较弱，也不利于盐渍化土壤改良。

三、耕地水资源供应不足，导致农业水资源配置失衡

廊坊市处在海河流域中下游，水系发达，素有"九河下梢"之称，流经本市的大小河流有20条，一般平均每年可拦蓄地表水3.33亿m³；水资源可利用量7.74亿m³。廊坊市水资源可利用总量较高，但受地形和水源位置影响，农业可用水资源总量不高且分布不均衡。截至2020年，廊坊市还有63 595.27 hm²耕地灌溉能力处于"不满足"状态，占廊坊市总耕地面积的22.96%。灌溉能力处于"不满足"状态的耕地主要分布在大城县、文安县和固安县，面积分别为275.69 hm²、16 812.8 hm²和46 506.78 hm²。耕地水资源供应受限不仅严重影响农业生产的发展，而且耕地土壤质量尤其是土壤盐渍化程度均出现不同程度的恶化。

四、耕地施肥种类单一、施肥方式落后、土壤质量有待提高

廊坊市各县（市、区）小麦、玉米、谷子、大豆等主要作物施肥类型中，氮肥占30%左右，复合肥占90%以上，有机肥、单质肥等其他肥料占10%左右。蔬菜、果树等复合肥施用占比超过90%，施用有机肥、叶面肥、农家肥等肥料类型较少，不足5%。

廊坊市主要作物施肥种类比较单一，基本按照复合肥基施和单质肥追施模式。长期大量施用单一肥料、减少有机肥料的施用导致土壤有机质含量明显降低，土壤物理性状恶化、化学养分含量降低、土壤生物活性下降，土壤抵抗有害物质的缓冲性能和可持续性受到抑制。

第三节　廊坊市耕地资源提质增效的建议

针对廊坊市耕地资源现状和利用过程中存在的问题，可以加大宣传力度，提高合理利用耕地资源的意识，通过工程、生物、农艺、化学等措施的综合应用，消除或减轻耕地资源利用中存在的各种问题，提高耕地资源利用效率，提高耕地资源质量，促进农业生产水平提高，确保粮食安全。

一、加强耕地资源保护宣传力度和监管，提高耕地资源保护意识

通过电视、广播、报纸等大众媒体多途径、宽渠道地广泛深入宣传《中华人民共和国农业法》《中华人民共和国土地法》《基本农田保护条例》等与耕地保护有关的法律、法规及保护耕地对耕地可持续利用、人类可持续发展的重大现实意义。加大国土管理干部的培训力度，提高管理干部的素质，及时解决处理耕地利用与保护中出现的新情况、新问题，严格执法耕地违法现象。加强耕地资源依法统一管理，切实保障基本农田，严格建设用地审批，严惩破坏耕地和私占等违法、违规行为。强化农村农业环境污染防治，降低农药化肥使用数量，减少并修复耕地资源污染，改善耕地环境质量。

二、完善农田灌溉基础设施，采用新型灌溉方式，发展节水农业

针对部分县区农业用水资源短缺和区域分布不均问题，其解决方案应围绕"调水—节水—提高水分利用率"三个方面开展。

加强农田水利基础设施建设和工程配套，提高土地灌溉能力。针对灌溉保证率较低的地区水资源较为短缺的现状，进行输水设备管道化改造，减少渗漏和蒸发，提高灌溉保证率，提升防御自然灾害的能力；针对蓄、供水设施不健全的山坡地，应增加蓄、排设施建设，做到"雨季蓄水，旱季供水"，并不断提高土壤供蓄水能力。

大力发展节水农业，提高水分利用效率。合理规划和管理水资源，确保水资源供应的稳定性和可持续性；调整种植结构，选择适应当地气候和水资源条件的作物，减少对水资源的需求；采用先进节水灌溉方式，如喷灌、滴灌、暗管地下灌溉、水肥一体化等

节水灌溉方法，提高水分利用效率；通过保墒耕作，结合集雨技术和节水灌溉技术，充分利用有限降水，实施雨养农业、旱作农业；采用水分管理、抗旱栽培等措施提升水资源利用效率。通过合理施肥、改良土壤结构、保持土壤湿度等措施，提高土壤保水能力，减少灌溉；选择抗旱作物，采用抗旱播种、合理密植、增施有机肥料和加强田间管理等农艺措施提高作物抗旱能力；推广使用抗旱剂、保水剂，以及通过地膜和秸秆覆盖等农艺措施增加土壤对天然降雨的蓄集能力和保墒能力。

三、采用多种措施综合治理盐碱耕地，提升耕地质量

盐碱地形成的实质主要是各种易溶性盐类随水在地面作水平方向与垂直方向的运动，从而使盐分在土壤表层逐渐积聚起来。盐碱地改良主要方向为改善土壤水分状况，因地制宜综合治理，改良和利用相结合，工程措施、生物措施、物理化学措施和农艺措施相结合，排除土壤盐分与提高土壤肥力相结合，灌溉与排水相结合，从而降低耕地盐渍化程度，改善耕地质量。

（一）通过工程措施改善土壤水肥状况，降低土壤盐渍化程度

进一步完善农田排灌等基础设施，有助于降低地下水位，防止盐分上移表聚。干旱时可用沟渠引水灌溉；降雨时可把表层土壤中的盐分随降水排入排水沟；洪涝发生时可通过排水沟排水。对于低洼、排水不畅、地下水位浅、矿化度高、土壤含盐量高及受盐涝双重威胁的地块，可通过深沟排水降低土壤盐分；也可以采用铺设地下暗管的方式，通过灌溉淋洗将土壤表层的盐分排走，达到改良盐碱地和控制地下水位，防止土壤二次盐渍化。

（二）采用生物措施改良盐碱土壤

生物措施是通过种植耐盐植物或施用微生物菌剂等对盐碱地进行改良并加以修复，达到改善土壤内部生态环境的目的，提高耕地质量。

1. 合理种植耐盐碱植物

在盐碱地上种植作物，要根据作物对盐碱、旱、涝的适应性能，因地种植，合理布局，充分发挥农业增产潜力。向日葵、糜子、甜菜、大麦等为耐盐性较强的作物，有较高的细胞渗透压，在较高的盐分溶液中也可以吸收足够的水分，不致引起生理干旱造成死亡。在一些不能种植普通农作物的重盐碱地区，通过种植一些强耐盐碱植物，利用其抗盐、泌盐等生物特性改良并利用盐碱地，加之植物的蒸腾作用，促使地下水位下降，能减轻土壤次生盐渍化现象。

2. 种植绿肥植物

绿肥是培肥地力的重要措施，能改善土壤颗粒结构，促进土壤微生物活动。通过种

植和翻压绿肥牧草，可以减少土壤表面水肥蒸发，防止土壤返盐。

3. 植树造林提高农田林网化

植树造林不仅有调节小气候、减缓旱涝危害的作用，还可间接降低地下水位、抑制土壤盐分上升。

4. 施用生物肥料

生物肥料是一类含有微生物的特定制剂，应用于农业生产中，能够获得特定的肥料效应。因其含有特定功能微生物，可诱导土壤有益微生物通过固氮、解磷、解钾和对其他元素的增溶作用来改善土壤养分。微生物肥料中的有益菌可以分解土壤中的有机质，改善土壤结构。一些有益菌可分泌生长激素，增强植物抗逆性。微生物肥料激活植物系统抗性不仅表现在对病害的防治作用，有些细菌肥料的特殊微生物可提高宿主的抗旱性、抗盐碱性、抗极端温湿度和极端 pH 值、抗重金属毒害等能力，提高宿主植株的逆境生存能力，部分有益菌还可中和土壤中盐分，调节土壤酸碱度，改善植物根际微环境。

（三）采用化学措施改良盐碱土壤

化学措施不仅可改善土壤结构，加速"洗盐排碱"过程，还可改变土壤中可溶性盐的成分及其含量，调节土壤的 pH 值。研究表明，石膏或磷石膏为主的土壤改良剂应用到碱性土壤效果明显。脱硫石膏常用来改良重度盐碱地。施用脱硫石膏土壤不容易板结，有利于植物根系生长，使根系吸收水分和肥料能力增强，达到改良盐碱土壤的目的。同时，辅助灌溉措施，遵循"盐随水来、盐随水去"的水盐运动规律，使置换出来的 Na^+ 及时被带入耕作层，达到治理盐碱地的目的。一些新型土壤改良剂，如水解聚马来酸酐 HPMA，已经证明能够改良盐碱土物理性质，促进植物生长。

（四）采用农艺措施改良盐碱土壤

1. 增施有机肥降低化肥用量

有机肥料能增加土壤的腐殖质，有利于团粒结构的形成，改良盐碱土的通气、透水和养料状况，分解后产生的有机酸还能中和土壤的碱性。通过增施有机肥料，能提高土壤有机质含量，改善土壤结构，提高保水能力，达到抑制返盐效果。

2. 平整土地和客土改良

平整土地可改善田间灌排条件和耕作条件，同时是盐碱地改良的一项重要措施，可以防止洼地受淹和高处返盐。客土就是换土。客土能改善盐碱地的物理性质，有抑盐、淋盐、压碱和增加土壤肥力的作用，可使土壤含盐量降低到不致危害作物生长的程度。俗话说"砂压碱，赛金板"就是这个道理。采用客土、盖草、翻淤、盖沙等措施可以改善土壤成分和结构，增强土壤渗透性能，加速盐分淋洗。

3. 深松和深翻

深松、深翻能疏松土壤，改善土壤结构，降低土壤容重，促进作物根系生长发育。减少地表径流，增强伏雨淋盐和灌水洗盐的效果。切断土壤毛细管，减少盐分上升量，降低土壤含盐量。深翻土地结合施用有机肥、加入秸秆和炉渣等措施，不仅能提高作物产量，还可改善土壤理化性状，提高土壤肥力。深耕应注意不要把暗碱翻到地表。

4. 适时耙地

耙地可疏松表土，截断土壤毛细管水向地表输送盐分，防止返盐。耙地适时，要浅春耕，抢伏耕，早秋耕，耕干不耕湿。

四、加大施肥新技术推广力度，提高耕地质量

推行秸秆还田技术、增施有机肥、轮作、种植绿肥、施用土壤调理剂、施用微生物有机肥等技术，改良土壤结构，增加土壤团聚体数量，改善土壤微生态环境，不断提升土壤水、肥、气、热的协调能力，培肥土壤。调整种植业结构，因地制宜发展生产，维护土壤生态平衡，提高耕地的产出效益。同时，针对耕地质量限制因子，增加投入，加强中低产田的改造。

1. 秸秆还田技术

秸秆还田是利用秸秆而进行还田的措施，是世界上普遍重视的一项化肥减施增效的增产措施，在杜绝了秸秆焚烧所造成的大气污染的同时还有增肥增产作用。秸秆还田能增加土壤有机质，改良土壤结构，使土壤疏松，孔隙度增加，促进微活力和作物根系的发育。秸秆还田增肥增产作用显著，一般可增产 5%～10%，但若方法不当，也会导致土壤病菌增加，作物病害加重及缺苗（僵苗）等不良现象。采取合理的秸秆还田措施，才能起到良好的还田效果。

（1）玉米秸秆还田过程中，必须提前准备好机械化设备、选用合适刀具并安装调试，其底部的切碎装置设置在距离地面 10 cm 处为宜，能够使玉米的高茬秸秆转变为 10 cm 以下的短秸秆，不会造成刀片旋转切碎过程中的卡阻和缠绕，也不会对后续深翻和其他耕种环节造成影响。

（2）玉米种植和成熟时间存在一定差异，因此在选择还田过程中，需要根据气候和作物成熟度及时调整，并根据秸秆腐熟程度和农田管理的要求进行机械化作业。

（3）秸秆还田初期，可能会出现与土壤本身微生物和农作物争氮的情况，因此，机械化作业同时，要在农田中适当补充氮肥，使秸秆的碳氮比例更符合其快速腐化分解的需求；秸秆和农田的湿度保持在 60% 以上最有利于秸秆腐解，若水分不足，应及时灌溉。

（4）秸秆机械化直接还田是秸秆处置的一种有效方式，但是常规的机械化秸秆直

接还田后往往难以在短时间内软化和降解，不利后茬作物移栽和作物根系生长。因此，在机械化还田操作的同时，推广运用秸秆腐熟剂，能加快小麦等农作物秸秆的腐熟分解，腐解速度比不加秸秆腐熟剂提高30%以上。

2. 有机肥替代技术

为了减少化肥对农业带来的污染，有机肥与化肥结合施用，逐步替代化肥，能减少化肥的危害。首先，化肥营养成分高，肥效快但养分含量单一，不持久；有机肥种类多，养分全，肥效长，但养分低，需大量施用；二者配合施用可取长补短，供给作物所需的养分。其次，化肥长期施用会破坏土壤的团粒结构，造成土壤板结；有机肥含有丰富的有机质，可改善土壤环境，调节土壤酸碱度，改善土壤的透气性、透水性，二者结合施用可改良土壤结构，促进农业可持续发展。再次，有机肥和化肥混合搭配，可以减少化肥施用量，一方面减少化肥施用污染土地，另一方面则可以降解土壤中化肥农药残留。最后，开发有机肥资源，结合养殖场建立沼气池，将沼渣沼液、秸秆还田，农作物收获后将秸粉碎，重新施到土壤中，改善土壤环境，增加土壤有机质含量，提高土壤肥力，进而减少化肥施用量。

有机肥种类繁多、肥料来源广、成本低廉、施用方法简单，是发展优质、高效、低耗农业的一项重要技术。化肥与有机肥配施，可以将化肥养分含量高、肥效快但持续时间短、养分单一的缺点，与有机肥肥效慢但大多数养分种类丰富且持续时间长的优点充分结合起来，实现取长补短。利用有机养分资源，结合畜禽粪污资源化利用，用有机肥替代化肥，推广通过采用"有机肥+配方肥"模式、"有机肥+水肥一体化"模式、"秸秆生物反应堆"模式、"有机肥+机械深施"等有机肥替代模式，不仅有利于改良土壤物理化学性状、提高肥效、节水节肥、大幅提升水分养分利用效率，还能显著增加作物产量、改善作物品质，提高农产品市场竞争力。

3. 农业、农机综合利用技术

河北平原是我国小麦—玉米主产区之一，热量资源不足、气候干旱、水资源严重匮乏，与光热资源分配不合理、水肥利用效率不高、耕地高产承载力较弱等生产现状矛盾突出，严重制约了两季作物和生态区域间均衡增产，以及高产和资源高效利用的均衡同步。目前集成和应用了水肥热高效利用协同增产关键技术、冬小麦—夏玉米轮作秸秆还田施用技术、秸秆机械还田生物菌快速腐熟技术、高效节水型夏玉米全程机械化技术、季节性休耕技术等多元化高效融合技术体系。该系列技术模式单一利用或者综合利用，不仅能充分利用河北平原水、热等自然条件，还创造性地改良了几千年来形成的耕作习惯和耕作方式，大跨度地提升了农业耕作水平，为我国粮食稳产、增产提供了重要途径。

4. 土壤调理剂施用技术

土壤调理剂是用于改善土壤理化性质的一种物料，将其应用于退化的土壤中，可以改良土壤结构、减少土壤盐碱化现象、改善土壤中的水分状况、提高土壤的生产力。小麦季施用土壤调理剂可以增强土壤团聚体水稳性，增加土壤速效钾、有效磷、硝态氮和有机质含量，提升土壤微生物碳、氮含量，提高土壤肥力。施用调理剂后小麦季表层土壤微生物碳提高 13.29%、微生物氮提高 7.47%，耕层土壤容重比未添加的下降了 0.05 g/cm³，有效磷、速效钾提高 1.8%~32.92%。土壤调理剂在一定程度上能调节土壤的酸碱性，生石灰、贝壳粉等可在短时间内较好地提高土壤 pH 值 0.1~0.3 个单位。施用土壤调理剂能破除根层土壤板结，增加土壤团粒结构，为根系生长发育塑造良好根际环境；使小麦产量提高 2%~15%。

5. 微生物菌剂施用技术

微生物菌剂可以改善作物生长环境，施用微生物菌剂显著降低土壤 pH 值与电导率，提高土壤有效养分含量，增加土壤有机碳含量，提高土壤脲酶活性。施用菌剂后土壤有效磷提高 59% 以上。不同微生物菌剂对小麦纹枯病防效均在 70% 以上，在越冬期，微生物菌剂对根腐病和全蚀病的防效均较高，达 90% 左右。微生物菌剂可增加小麦分蘖数和次生根数，增加小麦产量。

（1）施用温度。生物菌肥中的生物菌一般在土壤温度 18~25℃ 时最活跃，15℃ 以下时活动能力开始降低，10℃ 以下时活动能力微弱，甚至处于休眠状态，可见如果温度过高或者过低都会影响到活性菌活力，在这种情况下要注意不施用菌肥。

（2）施用方法。生物菌肥主要靠菌群集聚才能发挥作用，一定要穴施或开沟施，每穴可施用 0.5~1.5 kg，千万不要冲施或撒施，否则会因水冲散菌群影响施肥效果。

（3）施用条件。土壤 pH 值和有机质是土壤理化性质的重要因素。土壤 pH 值在 6.5~7.5 时最适合生物菌的繁殖，土壤偏酸或偏碱都不利于生物菌的生长繁殖。而有机质是生物菌的载体，是生物菌赖以生存的"食物"，所以菌肥一定要与有机质同时施用。

（4）施用数量。生物菌不能替代复合肥，应与复合肥混合施用，但要注意化肥量不能过多，因为高浓度化学物质对菌肥里面的微生物有毒害作用，一般每公顷施用 375 kg 三元复合肥，1 000 kg 生物菌肥为宜。

（5）施用环境。生物菌肥在施用的过程中不能有杀菌环境。要注意不能和杀菌剂混合使用，否则会把活性菌杀死，丧失菌肥的作用。在温室大棚施用时要注意不要有紫外线灯，因为紫外线会杀死生物活性菌。

（6）施用湿度。土壤湿度影响生物菌肥施用效果。由于生物菌大部分是好氧菌，在土壤见干见湿时生命力才活跃。施用生物菌肥后一定要合理灌水，最好选择晴天上午浇小水,这样不仅能提高地温,还能放风排湿。注意浇水后进行划锄,增加土壤通透性,增强生物菌肥效果。

6. 合理深耕深松技术

深耕深松可打破坚硬的犁底层,提升土壤的透气性和透水程度,将土壤容重调节在合理范围内,并实现深松深度,从而确保农作物苗壮生长。采用深松技术,可在土壤中建立天然水库,使土壤能够充分吸收降水、存储水分,使作物在旱季得到充足的水分补给,确保作物健康生长。有研究表明,深松全层施肥和深松两肥异位分层施肥的土壤入渗速率较免耕浅施肥分别显著提升 51% 和 59%。深翻比免耕增加土壤孔隙度 1.30%,降低容重 0.70%。深松降低土壤容重,增加孔隙,改善土壤耕层环境。

7. 水肥一体化技术

水肥一体化灌溉技术是利用滴灌、喷灌、微喷灌的技术,将肥料溶于水中,按需定位施肥,节水节肥,提高肥料利用率。水和氮是限制干旱和半干旱地区农业发展的主要因素,滴灌属于局部灌溉,通过把少量的灌溉水直接送到作物根部,可以降低水分的渗漏和蒸发损失,减少灌溉量从而提高作物水分利用效率。与喷灌和漫灌相比,滴灌湿润具有较好的均一性,对作物出苗和前期生长均有促进作用。与漫灌相比,滴灌施肥可增加土壤储水量,合理的土壤水分含量促进了根系对氮素和水分的吸收,提高了水分和氮素利用效率。合适的水肥配比可有效发挥肥效,促进作物对肥料的吸收与利用,从而促进作物干物质量和产量的提高。小麦、玉米是廊坊市的主粮作物,种植面积较大,是全市粮食安全的重要保障,在稳定面积的前提下,重点实施好主粮作物水肥一体化关键技术是符合当前全市粮食生产的需要。

主要参考文献

戴祥来，陈俊锟，赵继献，等，2023. 新型微量肥料硅钙钾镁肥用量对甘蓝型油菜产量与品质的影响 [J]. 贵州农业科学，51（12）：39-45.

杜伟，2010. 有机无机复混肥优化化肥养分利用的效应与机理 [D]. 北京：中国农业科学院.

冯尚善，2022. 新型肥料产业现状分析与发展展望 [J]. 磷肥与复肥，37（7）：9-11.

胡景辉，孙丽敏，雷雅坤，等，2016. 河北省山前平原高产类型区耕地土壤养分状况及演变规律 [J]. 山西农业科学，44（11）：1664-1668.

康日峰，任意，吴会军，等，2016. 26年来东北黑土区土壤养分演变特征 [J]. 中国农业科学，49（11）：2113-2125.

李春霞，2019. 锰、铁和钼肥处理种子与叶面喷施对小麦生长与吸收的影响及其机制 [D]. 杨凌：西北农林科技大学.

李代红，傅送保，操斌，2012. 水溶性肥料的应用与发展 [J]. 现代化工，32（7）：12-15.

武红亮，王士超，槐圣昌，等，2018. 近30年来典型黑土肥力和生产力演变特征 [J]. 植物营养与肥料学报，24（6）：1456-1464.

徐荣琼，张翼飞，杜嘉瑞，等，2024. 叶面喷施钙肥对春玉米茎秆抗倒伏特性与产量形成的影响 [J]. 作物杂志（3）：223-230.

杨怀玉，2021. 生物有机肥对农作物生长的促进作用 [J]. 安徽农学通报，27（24）：96-97，100.

杨茗杰，2019. 冀西北耕地土壤养分时空变化规律及综合质量评价研究 [D]. 保定：河北农业大学.

于卫红，彭正萍，2014. 河北省衡水市耕地资源评价与利用 [M]. 北京：知识产权出版社.

张宝光，张超男，王向前，等，2023. 耕地有机质含量演变规律—以新乡市为例 [J]. 安徽农业科学，51（19）：58-63.

张建发，彭正萍，王艳群，等，2022. 邢台市耕地质量演变及提质增效技术［M］. 北京：中国农业科学技术出版社.

张玲娥，2014. 典型县域耕地肥力质量时空演变规律及驱动力分析［D］. 北京：中国农业大学.

郑立伟，闫洪波，张丽，等，2020. 微生物肥料发展及作用机理综述［J］. 河北省科学院学报，37（1）：61-67.